成長路上

陸白烈　　著

成長路上

作者： 陸白烈

編輯校對： 小穎

封面設計： 小穎、野楊

出版印刷： Lulu Press, Inc., Morrisville, North Carolina, USA

https://www.lulu.com

初版日期：2024 年 12 月

ISBN 9798987899076

給年輕女孩

一個逐漸長大的女孩，像由蓓蕾剛剛開放的花朵，嬌嫩而艷麗。人雖有美醜之分，但年輕就是美。在這樣似錦年華的時期，我們該怎樣塑造人品、充實學養、提升性靈呢？

目錄

似錦年華 1

愛的認識 4

化妝 6

孝順父母 8

不做服裝的奴隸 10

播下幸福種子！ 13

學做家事 15

少說多做 17

早起 19

充實才識 21

養成節儉的習慣 23

如何交友？ 25

手足之情 27

女孩的手 29

養成儲蓄的習慣 31

培養「擅長」！...33

蜚短流長！...35

心胸要開闊...37

別拖累了上一代！...39

永不褪色的美...41

幸福...43

不要打牌...45

學習勤勉...47

少說廢話...49

一盆綠意...51

當你付出愛情...53

寧願寂寞...55

建造成功...57

快樂地學習...60

愛心與信心...62

生活、歡笑！...64

妳能做到嗎？...66

永保綠意...68

慈愛的母親...70

年輕...72

選擇對象 74

交友 76

學養和品格 78

年輕的熱忱 80

整潔 83

把穩感情的方向 85

三姑六婆 87

熱忱待人 89

不要「畫蛇添足」！ 91

好友 93

愛的真諦 95

貧窮是恥辱嗎？ 97

嫁個好丈夫 99

適婚年齡 101

把握年輕時光 103

整理家庭 105

女孩的成長 107

孝順 109

善體親心 111

含飴弄孫不是「苦刑」 113

多陪伴母親 115

失戀了怎麼辦？ 117

孝順的女兒 119

不要勢利！ 121

驅除寂寞 123

惡夢 125

別以貌取人 127

慎重選擇 129

愛要專貞 131

勇敢地去愛 133

不說是非 135

不要迷信 137

知足常樂 139

要有公道的心 141

珍惜青春 144

利用時間 146

打牌是毒癌 148

利用青春 150

學習感激 152

能夠努力真好 154

公德和整潔 156

驅除惡習 158

母親的愛 160

快樂的生活 162

習慣的形成 164

別太重視金錢 166

減少慾望 168

趕走懶惰 170

寫作事業 172

別做未婚媽媽！ 174

禁絕香煙 176

別只專心於自己 178

什麼是幸福？ 180

人的通病 182

幸虧發現得早 184

人活著要做什麼呢？ 186

有痛苦怎麼辦？ 188

買菜 190

別和有婦之夫談愛 192

正邪之路 194

假如你不幸 ·······························196

要正常待人 ·······························198

別停止向前 ·······························200

工作的逆與順 ·······························202

要有信用 ·······························204

第一百篇之外 ·······························206

似錦年華

　　一個逐漸長大的女孩，像由蓓蕾剛剛開放的花朵，嬌嫩而艷麗。人雖有美醜之分，但年輕就是美。在這樣似錦年華的時期，我們該怎樣塑造人品、充實學養、提升性靈呢？

　　對任何人，不管是男性、女性，人品就像「脊髓」一樣，它支撐著身體，也支撐著心靈。人要活得不傾斜而正直，首先必須要有良好的人品，而良好的人品的建立和人生觀及生活態度都息息有關。

　　怎樣才是正確的人生觀？人活著，究竟是為了什麼呢？為了吃喝玩樂、為了賺很多的錢，能過上好享受的生活嗎？為了這些，是否可以不擇手段、可以丟棄正當的道路，而走邪道歪路？因為只有邪道歪路能迅速滿足自私的慾望。如果你抱著這樣的人生觀念，你就可能會成為十分惡劣的人。人的生命有限，再多的錢財、再好的享受，如果來自不正當的途徑，只會使你有限的生命蒙上洗不掉的污點，人總不能如此糟糕地來到這世界一遭。要使生命留下有用有益的痕跡，你就必須為大家做些有用有益的事。這也應該是你必須擁有的正確的人生觀念，讓自己的生命像蠟燭一樣地燃燒，不但照亮自己，也照亮別人——。

　　在這似錦年華的時期，你也必須為自己確立正當的生活態度，不尚浮華，排除奢求，腳踏實地，作點點滴滴的努力，不打牌、

不喝酒、不抽煙、不做一點不正當的事，只兢兢業業地努力向前。

在這世界上，最可貴的不是有形的財富，而是那潛存的財富——茁長在那「內在」「智慧」上的學養。有形的財富隨時都可能失去，潛存於你自身的財富，卻會與你的生命同存。時代一天天進步，人活著，也該一天天向前走。人的學養應與時同進，多讀書，多吸收有益的生活經驗，把從書本和生活中得到的有用有益的東西，在自己的行動上實踐。你這樣一步步地走著，也一步步地長大。當你能與時光的腳步同時行進，完全長大、成熟，即令你一文不名，你會發現，你是個極富「財富」的人。那財富潛存在你身上，別人永遠奪不走，也搶不掉。

一般人所重視、追求的是名利和物慾的滿足，於是蠅營狗苟，顯出猥瑣和貪婪，使人品低下、品行淪喪，這是人生可嘆可悲的一面。作為人——人與動物最基本不同的地方，不只是那外表，而是人有人性，動物卻只有獸行。可是不少人，在人性中卻參雜著獸性，獸性最「突出」的地方，是只知道追求「口腹」的滿足，餵飽了肚子，再沒有別的慾望了；而人類的獸性中，往往是永遠填不滿的自私之慾，這種自私之慾，使性靈喪失。

年輕的女孩最重要的工作之一，該是努力培養和提升自己的性靈。性靈有來自天賦，但在天賦的質分中，必須溶有後天的培養。也許你從家庭、學校可以接受到良好的教育，在培養性靈生活上，可以給予你相當的助力。也許家庭、學校教育都失敗了，這時就必須藉著你個人的努力，你必須記住，不管是男性、女性都不能成為市儈，而唯一避免踏入市儈境遇的「方式」，是你要有崇高優美的性靈——。

年齡逐漸增長，增長的過程中，你必須珍惜你所擁有的似錦年華的時期，使這一時期，成為充實的以及提升的時期，使你逐

步達到並擁有「完美」，而完美不能「定型」，它仍然必須不斷地
改進和提升——。

愛的認識

　　年輕的女孩，對異性的愛，總有一份美好的憧憬，「白馬王子」的綺夢，織成女孩嚮往及追求的美麗宮殿，那宮殿如此高聳而巍峨！

　　究竟什麼才是真正的愛？異性之間的「愛」，不同於骨肉親情的愛！有沒有純粹友誼的愛呢？答案應該是有的。女孩可以交「同性」朋友，也可以交「異性」朋友。但女孩在「交友」上應較之男孩更特別慎重，因為女孩容易「失足」，而一「失足」又往往會造成「千古恨」的局面！

　　女孩應特別慎重地「交友」，「同性」應慎重，「異性」更應慎重，卻不能因「慎重」而「因噎廢食」！朋友還是要交，因為「益友」永遠像乾枯中的「雨露」、像陰霾中的陽光。愛情也是從友誼開始，逐步蛻變而成的。所謂「一見鍾情」，那必定是盲目而衝動的，也不能像古老時代的女孩一樣，「找對象」再談戀愛。

　　婚姻對女性來說，雖非生命的全部，卻是重要的部分。一個女孩嫁個好丈夫，也等於有了此後幸福的保證。雖然這保證也必須自己付出相等的「助力」，你自己必須是個好妻子，好丈夫才能「相輔相成」，但如果嫁錯了人，你自己雖然是個「好妻子」，卻往往孤掌難鳴，「好丈夫」永遠不可能產生，你就必須嚐受自己造下的不幸悲劇的苦果了。

現代男女之間的愛情，不同於古老時代的純粹「兩性關係的男女之愛」。除了狹隘的兩性之愛外，你們之間必須有許多相同的東西。不一定要對方的興趣、擅長相同，但你們必須具有對人生社會共同的認識。你們在體驗上也許相異，不同的生活境域、不同的工作環境，但基於人生觀與世界觀的相同，你們的認識和感受卻是相同的。這也是十分重要的一點，否則在想法上不能協調，在觀念上南轅北轍、相持不下、相爭不休，由這種關係「結合」而成的「愛情」就像樹木缺乏「根株」一樣，隨時都可能消失。

　　是的，你有權要求你已經付給他「愛情」的人，是和你「相同」的人，而這相同必須是「正確」的。兩人攜手而行，將來在行進的路程上，不僅是夫妻的關係，也是朋友和夥伴。

　　這該是你對愛情最重要的認識，在愛情中應該將有無「經濟基礎」剔除在外，因為有形的經濟基礎並不真實，你要嫁的是他的「人」，而不是他的「財富」。外在的財富也可能因許多因素而消失，但一個人的才幹、學養和能力都是永遠屬於他自己的，不斷地磨練才幹、充實學養、提高能力，能在逆境中「自力更生」、在阻折中「勇往直前」，從一無所有中「不斷掙扎向上」的人，即令他目前「一貧如洗」，也一定是值得你愛並「付託終身」的人。

化妝

　　每逛百貨公司，我常誤把「真人」當成模特兒，又把「模特兒」誤當「真人」。

　　現在一些時髦女性的化妝，幾乎就和模特兒「固定」的化妝是一樣的，臉上白是白、紅是紅、藍是藍、黑是黑。如果「真人」不說話，又作模特兒的固定姿態，實在使人很難分辨得出來。

　　女性的化妝不知有多少花樣，分多少層次！那一層層「粉底」，一道道抹上去，什麼眉筆、眼膏、腮紅、口紅，一樣樣用上來，使人看得琳瑯滿目，卻不一定「美不勝收」。

　　女性的化妝，那種濃妝艷抹，把一張原本自然純淨的臉弄得「五彩繽紛」，卻不是花朵那樣自然的五彩繽紛，而是拼盤式的作假的五彩繽紛，它趕走了自然！塗污了純淨！

　　我們不否認化妝能彌補缺點、能使人亮麗，但過度的化妝只會弄巧成拙、得不償失！

　　年輕就是美、自然就是美！年輕的女孩，應該認清這兩句話的真理，扔掉不必要的化妝，使自己保有自然的純淨。

　　眉筆可以扔掉，使眉毛保有原來的樣子；眼膏可以扔掉，使眼睛的「皮膚」，保持原樣。腮紅可以扔掉，因為人工遠不如原色。口紅可以扔掉，那含有化學成分的東西，當你吃東西時吞進口中，可能使你的胃腸受害。

也許你可以用點護膚的面霜，當你外出時，可以用點粉餅，甚至連粉餅也可以不要，對這麼年輕的你，這並不需要。

　　「化妝」習慣了，會令你永遠需要這方面的「偽裝」，但失去這份偽裝，你可能會「黯淡無光」，因為你曾用化妝毀去你原來眉毛的模樣、原有皮膚的細緻、原有的那許多美好而值得珍惜的。化妝品並不全是純質的，它裡面也許含有許多不純而有中毒性的東西。

　　除了化妝，還有頭髮，這麼年輕的你，可以留長髮、可以梳成兩根辮子，也可以剪得短短的。頭髮可以自己洗、自己梳，不必到美容院洗髮、做髮，去花那份冤枉錢！

　　女孩除美好的外貌外，更重要的是內在的培養，而你在外貌上能否保有自然與純淨，是對你內在培養的一個明顯的考驗。

孝順父母

　　不孝的子女，對父母來說，不但是罪孽，也是禍害。而不孝子女的產生，往往來自母親有形、無形的影響。

　　任何一個「正常」的年輕女孩，將來都避免不了要作母親。

　　我們常聽到人說：「愛永遠下傾，世界上再沒有父母對子女的那種友善和愛情。」人與人交往，尚知禮、尚往來，我們是否可用同樣的愛回報父母給我們的愛？

　　當然不是所有的父母，在每件事上，都值得我們順從他。父母不是聖人，有時也會犯錯。當父母犯錯時，我們不應隨著他的腳步也走錯，這是就「事」而言，但在個人感情上，卻仍可以維持「孝」的表現。

　　是的，「孝」不應拋棄，尤其對母親。父愛可能隨著外在的因素而改變，母愛卻永遠不變，因為母親生育時受了很多痛苦。通常的情形是：母親比父親更愛自己的孩子，而如洛農所說：「我們第一次感受和最早得到愛始於母親的心裡！」

　　孝順父母，不一定要用言語，重要的是行動。當你已逐漸長大，你要學習「壞的留給自己，把好的給予父母。」就像父母對你的態度一樣。你要學習關心父母、體諒父母、了解父母、同情父母以及幫助父母，把情感上最突出的光榮給予父母，就像他們給予你一樣。

你可以做到嗎？

當父母憂愁時，你為他們分憂；當父母痛苦時，你為他們分擔痛苦；當父母忙勞時，你為他們分勞；當父母需要援手時，如果你能，為什麼不伸出援手呢？善體親心，雖然也要有是非之辨，但除了「正義」的堅持外，你對父母可以付出很多、很多。

是的，可以付出很多、很多，只在於你有沒有這樣的心念！

父母辛苦地養育我們，給我們食物、溫暖、培養我們長大成人，有父母才有我們。孝經上說：「不愛其親而愛他人者，為之悖德；不敬其親而敬他人者，為之悖禮。」悖禮之事雖有黑白之分、是非之辨，但「悖德」之事，卻應絕對地避免。我們可以做到這起碼的地步嗎？

因為你孝順父母，當你成了妻子，你的這份孝順，可以帶動整個家庭。當你成了母親，你對上一代的愛會無形中使你的兒女也學習你的模樣。這樣「利息」優厚的事，何樂而不為呢？

請你三思，是不是該對父母孝順！

不做服裝的奴隸

雖然我們常說：「內在」重於「外在」，但事實上，外貌也有一種力量，而那力量是無可抹煞和否認的。

人與生俱來有天賦性的美醜之分，但外表生得美的，不見得就占了多少「便宜」；外表生得醜的，只要不醜得過分，後天培養的氣質和修養，可以「補正」那醜的部分。反之，你雖有美麗的外表，但衣著不當、裝扮過度或舉止放蕩，都會使你原本就有的美「黯然」而「失色」！

衣著原為遮蔽人體及取得「保暖」的雙重作用而存在，但目前「衣著」已成為一門「學問」，它在「美觀」上，追求「突出」的顯露。

但美觀並沒有一定的標準，中國古老時代的婦女，穿著與現在婦女完全不同。那時她們認為美觀，現在婦女卻認為不美觀。服裝是隨著時代而進步的，把繁瑣的「丟棄」代之以「簡便」，現代的婦女穿著簡便得多了。中國傳統的旗袍雖有典淑之美，但領子拘束頸脖的自由活動，前後從「上身」沿襲的緊窄長襬，使行動不便，因此目前的大多數婦女都穿「洋裝」或「襯衫長褲」。在台灣的亞熱帶氣候，冬天一襲毛衣、一條長褲、一件大衣就足夠禦寒了。

雖然可以如此簡便，但在簡便之中又有許多花樣。光拿裙褲來說，過去興過迷你裙和窄褲管，那時興迷你裙越短越好，興窄

褲管時越窄越好。迷你裙的缺點是太過暴露，窄褲管也是「原形畢露」，使「年長」或「保守」的婦女有無法追隨之感。但曾幾何時，迷你裙揚棄了，又興起長裙和喇叭褲。長裙除布料花費太多外，長得可以「掃地」，徒增行動的困擾；喇叭褲則是莫名其妙得下管特別寬大，使人很難順眼，也很難適應。目前裙子興什麼樣式我不知道，但看不少女性穿了半長的褲子在街上搖擺而走，我實在發現不出這種「褲型」的美在哪兒？

所謂「時裝」只是不斷無原則地「變花樣」。十幾年前的「舊裝」，可能現在又成了「時裝」，迴旋反覆，由新變舊、由舊又變新。女性如果讓自己完全成為被服裝耍弄的「模特兒」，不但浪費金錢，也是可悲可嘆！

我對服裝所抱的態度，即使在很年輕時，也只穿適合我自己的，我從不跟著「時髦」走。露背的服裝、過短的裙子、過於奇形怪狀的褲子，我都不穿。我的裙子永遠不長不短，衣裙褲只求穿來合身、合意而不追求「時髦」。我讓自己永遠不成為服裝師耍弄的對象，當然有時是為了經濟的理由，但即令經濟的理由不存在了，我仍是「我行我素」。當然這一態度不完全正確，但它有正確的「基點」，它使我在任何時候都能保持「自我的特色」。

記得我未退休前，每到菜市場買件「新衣」，穿到學校總會引起一陣「哄動」，女同事們都跑過來問長問短，甚至也都表示也要去「買」。不少同事說：「奇怪，我們這中間有人穿了六、七千元一件的新衣，也不會引起哄動。為什麼你買這一百多元左右的衣服，穿在身上，總會引起注意，而且顯得這麼漂亮呢？」

我只有一個答案：那衣服也許已「過時」了，但很適合我。我的困厄境遇使我永不「發胖」，當然也是原因之一。

衣著貴在能保有自我的特色，在平實樸素裡保持自我、在

踏實自持裡保持自我、在努力不懈裡保持自我。如果你有高雅的氣質、優秀的學養，即令「穿著」隨便，你也會有某種「特色」。隨著服裝師不斷變花樣的路線走是「傻瓜」。即令你很年輕，穿著目前「時興」的半短不長的褲子在街上行走，又成何體統？

　　永遠不做服裝師的奴隸，不僅是成年女性，也是所有年輕女孩應遵守的原則。

播下幸福種子！

　　任何一個家庭，都是環繞著主婦而造成的。

　　主婦永遠是一個家庭的支柱，由於主婦的「存在」和「盡責」，這個家站立著，站得溫馨而幸福、站得堅強而正直！

　　主婦的「人品」，直接間接地形成家庭的「品質」。

　　我們常看到有些家庭「紅樓富室」，但除了美麗的家具、豪華的享受，他們所擁有的卻欠缺而又貧瘠、枯燥而又無味。良好的品性消逝了、性靈喪失了，家人的所作所為均屬利欲薰心，利慾使他們失去了公道和正義，失去靈魂中的最珍貴的部分，也失去作為「人」的必須具備的條件，於是這原該像沙漠中的甘泉的家庭，成了小小的烏合之眾聚合的地方。而尋根究底，乃因主婦邪惡的品性使然，其熱衷虛榮、貪求私利，無形中影響了她的丈夫及兒女的「作為」。有自私貪婪的妻子，必有自私貪婪的丈夫和子女，已成了不變的定律。

　　但我們也見到許多貧苦的家庭，雖「貧」而不喪志、雖「苦」而不氣餒，他們過著安分的貧苦的生活，但在貧苦中保持「自傲」，他們視不義的財富為草芥，寧可過貧窮而匱乏不幸的生活，卻視富貴如浮雲、視自私貪婪為毒癌，他們為家庭保有了高貴的「品質」。追根究底，乃因這樣的家庭，擁有最了不起的主婦，她正直而高雅、無私而灑脫，她把屬於她的這個小小的世界塑造成

寧貧不貪、寧苦不澀的堅守原則的天地。

　　有不少主婦因為整天守在家裡，心胸像雞眼一樣地窄小，整天東家長、西家短，不斷地鑽牛角尖，和鄰居斤斤計較，為點兒小事大叫大喊，東學舌、西搬弄，弄得四鄰不睦、糾紛迭起、怨聲載道。

　　還有的主婦，對牌戰極為喜好，今天湊四圈，明天打八圈，置家務於不顧，使丈夫和兒女生活都失去常軌，於是埋下「家敗」的種子，甚至無形中使丈夫兒女也成「賭徒」，這個家也便從根完蛋了。

　　所有的主婦都該真切體認阿瑟米所說的：「家庭是我們自己的小天地，我們在這裡制定自己的生活法則，在這裡播下幸福的種子、灌溉快樂的禾苗，並將它們散布到世界的大圍圍中。」如果你能做到這樣，你就是個好主婦了。但願年輕的女孩們，能向好主婦的目標逐漸邁進。

學做家事

　　雖然女性也已走入社會，但在仍以男性為中心的社會，女性對家庭方面仍比男性必須擔負較多的責任。現代女性的「工作」，比之古代「男主外、女主內」模式之下的女性要艱重得多了。現代女性有許多必須職業和家事兼顧，白天上班賺錢，早晚卻還有許多家事要做。當然不管男孩、女孩都應該學習煮飯、洗衣，因為那是生活中最起碼的事情，但「家事」卻不全是煮飯、洗衣。

　　女性對家庭來說，就像樑柱之於屋宇，它撐持著整個屋宇的「重量」。那做不完的瑣瑣碎碎的事，都等待主婦去發現、去進行、去完成。年輕的女孩該點點滴滴地學習那所有的家事，怎樣把菜燒得美味可口、怎樣把衣服洗得潔淨、怎樣使家庭裡裡外外保持整潔，這都是重要工作，而更重要的，你還必須學習「內涵」的工作，使你的家不管對內、對外，都能保持寬大、平衡、和諧的氣氛。

　　常見有些主婦說起話來大聲大氣，甚至對家人、鄰居大叫大嚷，弄得雞犬不寧，這樣的主婦是兒女惡劣的榜樣，也是有虧職守的。在對內方面，上有孝順的長輩，使父母能度過愉快的晚年生活，使兒女也能快樂地過活，而對外呢？要和鄰居保持和睦的關係，做什麼都要衡情度理，對人要以禮相待，不能「仗勢欺人」。

　　主婦的平衡、善良、正直和有禮的態度，等於是「家事」的一道錦飾。它使整個家蒙受陽光的照耀以及雨露的滋潤，它也使

人如沐春風，感受到由這樣一個主婦所操持的家，就像一個正直堅強的堡壘。它對家人和鄰人都有保護的影射作用。

　　年輕的女孩，除非你抱獨身主義，否則均有成為主婦的一天。你必須學做這許多有形、無形的家事，學習這樣「型式」的主婦，使你未來的家不但恬靜，而且優美；不但能使你自己的家人快樂，而且「澤被鄰人」。這是你要走進你和你所愛的人共同組成的家必須要有的「心理」和「實力」的準備。

少說多做

一般而言，女性較之男性，總顯得多言。女人的囉唆、女人的嘮叨，也往往形成使人難以忍耐的局面。主要乃因女性的生活圈子小，有的整天待在家裡，除了做家務以外，就靠一張嘴巴去找點新鮮事，於是「蜚短流長」，禍從口出。

密爾頓說：「多言取厭、虛言取辱、輕言取侮。」在言語上面，我們應緊緊把牢自己，不該說的時候絕對不說。

在一天中，你可以細細檢視自己，今天說了多少可以不說的話？今天在說話中浪費了多少時間？所說的是什麼話？應該說嗎？是否瑣雜和虛假？

如果你每天盯牢自己，你會發現，這一天中你所說的話可能都是不必要的。與其多說，不如多做。

當然我們不否認，語言能傳達我們的思想，溝通彼此的交往。充滿機智，悅耳而又有力的語言，優美而文雅的談吐等等，常是人在無形中所顯示的良好品行的一部分。我們可以說，但必須說得切要和確當，切要而確當的語言就像珠玉一般，可以使人受益。

說話應堅守幾個原則，不說不知的事、不說傷人的話、不說戲謔之語、不甜言蜜語欺人、不造謠中傷別人、不說不誠實的話，「惡言」和「忿言」都該在排除之列。

人往往濫用語言，濫用的結果，也往往造成危機和不幸。

試著去做，是否可以用行動代替語言？

　　喧囂的聲音不如沉默的行動；你有說話的時間不如付諸於行為。

　　沉默耕耘或工作的人，他所能得到的收成，永遠多於用語言或行為炫耀的人。

　　甘於寂寞和緘默，只在實際行動上力求努力的人，他得到的成就也是實際的。

　　你如此年輕，把「少說多做」當作信條，你會發現，在漫長的人生道途上，你已經掌握了勝利的一面，你袪除所有不必要的語言，你也會因此而得到更多的「做」的時間。

早起

現在的女孩大都有睡懶覺的習慣。

這種習慣的形成，往往都是晚上睡得晚，早上才起不來。

午夜十二點以前的睡眠，一個鐘點可以產生兩個鐘點的效力。因此如晚上九點鐘睡，早上二、三點鐘起來，睡眠的時間也夠了。由此養成早睡早起的習慣，真正裨益匪淺。

早起有許多好處，如果二、三點鐘起來，那時大多數的人都還在睡夢中，沒有噪音，無人騷擾！如果我們愛讀書，或寫東西，就可以讀很多書或寫很多東西，在注意力與精神集中的情形下也能收到較多的效果。

可是遺憾的，現在的年輕女孩大都喜歡做「夜貓」，有的喜歡晚上去閒逛、聊天；有的則愛好燈下苦讀。往往不到十二點，一、二點不睡，養成了這一習慣，在「習慣成自然」的情形下，再也改不過來了。於是遲睡也必遲起，早上則不到日上三竿不起來，如果不必上班、上學，賴到中午起來的也有。大好的早上和上午這半天，也就在懶睡中浪費掉了。

女孩將來總免不了要做家庭主婦，一個勤勞盡責的家庭主婦，必然都有早起的習慣。由主婦的早起而開始一天正常的家庭生活，丈夫和兒女又都往往要主婦叫醒。如果主婦也睡懶覺，又沒請傭人，這一家子的生活就很難上軌道。

早上空氣新鮮，頭腦清醒，養成早睡的習慣，然後早點起來，利用早上的時間做些我們喜歡做的事情。從二、三點到六點，等於多賺了半天時間。早起也可以做做運動，使身體保持活動和健康。忙碌的主婦如能早起，她也可以把白天要做的事在早上做好，白天上班或做別的事就不會受影響。

　　早起實在有很多好處，但要早起就必須早睡。愛做「夜貓」的年輕女孩，應該痛下決心，革除這一惡習，使自己學習做到「早睡早起」。

充實才識

在這世界上，有兩種財富：一種是有形的：金錢與產物；一種是無形的，是包含在人頭腦裡的知識、身體裡的才幹和能力。

金錢與產物隨時可能失去，知識、才幹及能力卻與人的「生命」同在。

我們是否該鄙棄前者、珍視後者？

但知識、才幹及能力不能憑空而來，要得到這些，較之得到金錢與產物還要付出更多的努力。

是的，更多的努力。我們越得到知識，越覺得不夠。如斯頓所說：「人之熱望知識，與渴想財貨同，所得愈多，所望愈大。」知識永遠是填不滿的，越追求知識，越陷於「飢渴」的狀態，我們必須用不斷求進的腳步解除「飢渴」，隨時代的潮流而向前走。

至於「才」「能」也不是天生就有的，它的產生、存在、成長，都有賴於無止盡的用功及勤勉，並且要從工作和行動中加強，而我們也不能走錯路和浪費時間。

不管我們過去是怎樣的，當陽光升起，在沁涼清新的空氣中，我們又擁有新的一天，也是新的開始，我們可以作新的努力。

一分一秒的時間，也是一分一秒的流程，我們從現在起作確切的把握，使它不白白虛度，而能留下痕跡。

你有沒有見過初試啼聲的小鳥？你有沒有看過搖搖欲墜學

步行走的幼兒？人類追求知識、培養才能，也必須經過這些「最初」的階段，由淺入深、由弱到強，這是必然的過程和定律。

即令目前你一無所識、一無所能，但只要你能開始，從現在開始作這兩者的努力，你終會得到知識、擁有才能；而這些也永遠屬於你，它不像物質的東西易碎，別人搶不走，也奪不掉。它是與你生命同在的財富，在你生命中也將照出永恆的光輝。

養成節儉的習慣

　　節儉是良好的美德，但過度節儉，往往會使身體遭殃。當遠在紐約深造的女兒知道我患了「貧血」，她寫信來說：「媽，請你一定要注意三餐營養。錢就是要花的，存起來以備不時之需固然要緊，身體更重要，難道錢放著是準備營養不良住院用？你要是不以身作則，還是在吃上面東省西省，那我就每天吃『生力麵』，看看誰本領高強？真的，不要再如此吃苦、節省。我畢業以後會賺錢的，賺的雖不會多，但我想一定會夠用了！」

　　我曾經過極為艱辛的歲月，那漫長的歲月，真正可說是要什麼沒什麼，尤其是當幼兒重病，我曾為沒錢為他治療而夜夜難眠，在昏暗的三等病房的燈光下不斷流淚哭泣。後來幸虧醫院伸出援手，給了孩子一個額外的「學術免費治療」的名額，才使我脫出「終身遺憾」的困境。從那時起，我憬悟錢的重要，也憬悟到不能開源，就要節流。身上總得有筆可以應付意外的錢。

　　但事實上，我素來就很節儉，只是自此以後更節儉了；我把好的都留給孩子和家人，壞的都留給自己，尤其在「吃」上面，我從來就苦待自己。

　　計算起來，我所做的「事」都是在自我的過度節儉中完成的，除了完成許多「大事」，我手上總還保有著一筆可以應付意外的錢，數目雖不大，但有「緩急」之用。記得女兒出國深造時，我

已羅掘俱窮，但不到三年的時間，在沒有固定的收入情形下，我在經濟困境下又稍微舒鬆些了，這份舒鬆，不是因為收入多，而是因為節儉而產生的。

　　所有年輕的女孩，都應磨練自己有節儉的習慣，應該花的錢當然要花，可以不花的錢就不要花，但不要像我這樣老是苛待自己。日常飲食一定要夠營養，手頭寬裕了，身體卻因此而搞壞了，一定會得不償失。

　　節儉的習慣，有的是天賦的，有的是逐步培養而成的。節儉的主婦，等於是所屬家庭的「財富」，有這樣一個主婦照料和撐持著家庭，在經濟上所有的困難一定會逐漸解除，但節儉絕非吝嗇，對親友之間的交往，要能寬裕以待，更應雪中送炭，使人間溫情透過你的手而發揚出來。

　　年輕女孩，都是未來主婦的「備胎」，而節儉是「備胎」培育的過程，不可或缺的「美德」。

如何交友？

　　女孩在錦繡年華的時期，多交朋友是應有的權利，但「交友」必須作理性的慎重選擇。

　　不管是男友、女友，都有「損友」與「益友」之別。

　　雖然交友並不同於選擇對象，要堅持那麼多條件；但交友必須在「益友」、「損友」之間作正確的選擇。

　　女孩交同性朋友，也要看看那個朋友是否有你所欣賞的性格。當然在分析別人之前，首先得分析自己，你自己的學養如何？品格好嗎？你是否有使人欣賞的地方？如果這些你都獲得了正面的肯定，你挑選朋友的立場也就站穩了。

　　法國諺語說：「人沒有朋友，有如地球上沒有太陽。」而愛迪生說：「友誼能增進快樂、減輕痛苦，因為它能倍增我們的喜悅、分擔我們的煩憂。」

　　朋友在任何人生活中都是重要的，除了交同性朋友外，年輕的女孩也該多交些異性朋友。異性之間，除愛情外，應該也有友誼的存在。

　　是的，有「友誼」的存在，但必須先加選擇而後交。你不能交一個粗人，不能交一個頭腦空泛、性靈塗地的人！也不應交城府詭譎的人。交異性朋友比之交同性朋友，更應加以謹慎地選擇。曾有人說：「與惡人交，如日初之影；與好人交，如黃昏之影；不

斷增大，以致生命之日殞落。」如不幸交上個「異性惡人」，當你認清他的邪惡真貌，想離之而去，你很可能因此而遭受到種種邪惡的不幸打擊。

對朋友，要保持恢宏的氣度、親切的交往。朋友有困難時，伸出援手；有痛苦時，給予撫慰；有危險時，予以提醒。當朋友犯了錯誤，你應幫助他改正。

當你從很多異性朋友中選擇對象，你所選的對象，就好像是荷馬所說的：「是一個靈魂寓於兩個身體，兩個靈魂只有一個思想；兩顆心的跳動是一致的。」如果達不到這樣的境界，你所選的一定是選錯了。

所有的年輕女孩，應多多結交新友，但不管是同性、異性，都應謹慎而交，要抱著「寧缺勿濫」的態度，要看清「真情」，使自己永遠擁有「良友」，排拒「惡人」進入你的交誼界限。然後你從那許多「良友」中，選擇可以陪你「終身」的人。

手足之情

　　兄弟姊妹，都是同一父母所生，同在一個家庭長大。兄弟姊妹是玩伴，也是友人；是骨肉親人，也是與我們共同生活的人。

　　有不少兄弟姊妹之間發生爭吵、齟齬，甚至打罵，這在小時候因不懂事而發生諸如此類的事情，還猶有話可說；長大了發生這樣的事，就很難叫人原諒了。

　　兄弟姊妹相處，年齡較大的對弟妹有照顧的責任，尤其是較大的女孩，應為母親分擔辛勞。女孩大都天生就有良善的母性，面對弟妹，應給予友愛和關心。即使弟妹有對不起你的地方，你應加以原諒，動之以情、說之以理，使他們了解手足相處之道。

　　在兄弟姊妹之間，做事情不要推三阻四。如果爸媽分配給你們家事，你把自己份內的事做好，比你小的弟妹分到工作，你要督促和鼓勵他做好，有困難的地方你給予幫助，他做得不完整的，你加以補充。

　　有些兄弟姊妹之間發生爭執，甚至獨個兒搬出去住，這種使「裂痕」更深的做法是要不得的。除非你已結婚生子，否則「獨居」就不如與他人營共同生活，何況是親人，手足之間？

　　兄弟姊妹雖有骨肉親情，從小一起共同生活，也使彼此的感情更為親密，但兄弟姊妹，一個「個體」形成一個「單位」，不管怎樣，你得保持著對那「個體」「單位」的尊重，不要動不動就

大罵出口、大打出手。兄弟姊妹間的和睦相處，會提供給你與他人共同生活、相處的學習環境。

　　古人說：「兄弟鬩牆，侮人百里。」兄弟姊妹間吵罵相打，不但鄰居會看笑話，也會造成許多畸形和不合理。左傳上說：「兄愛而友，弟敬而順。」當然不是所有的兄姊都值得我們敬佩，但我們可以儘量找尋他的「優點」，如果他有錯誤和缺點，你應儘量幫助他改正錯誤、彌補缺點。人說：「長兄若父，長姊若母。」你可以像母親般的關心和幫助他們。由你而付出的愛心，將像陽光高照或溪泉長流，所有的黑暗都照亮了，所有的乾涸也滋潤了。但要看你有沒有這樣的「愛心」和「雅量」。

女孩的手

　　好多年以前，隔壁鄰居讀大專學校的女兒暑假返家居住，我問她母親，有否幫她煮飯、洗衣？她母親道：「這些事還是我自己做，我怕她把手弄壞。」

　　我脫口而出說：「燒飯洗衣怎就會把手弄壞呢？」

　　「手會變粗糙啊！」她母親道：「現在的女孩，就怕把手弄粗。」

　　我不贊同她的顧慮和說法，但我知道，怕因做家事把手弄粗的女孩很多，一雙細嫩美好的手似乎是比什麼都重要的。

　　人的手，不管是男人、女人的手，究竟是做什麼用的呢？是用來做事的，還是拿來觀賞的？如果所有的人，都怕把手弄粗，那粗事誰來做呢？燒飯、洗衣不算是太粗重的事，自古以來，這些事大都擔負在女人身上。雖然目前，很多女人除家事之外，還有職業、工作，比男人擔負了更重的擔子，但怕把手弄粗的觀念卻仍然存在──。

　　事實上，所有的手，都應該是用來做事的，人類用手操縱一切，創造一切，所謂「雙手萬能」。沒有人類對「手」的澈底運用，精神和物質文明都不存在，這整個世界也不會延續到今天。田是人種的，農人種田，我們才有糧食。房子是人造的，有工人造房子，我們才有房屋居住。人類的「衣食住行」，都靠人類自己用手

「勞動」而才有「收成」，人穿著「漂亮」的衣服、吃著可口的食物、住著美麗的房舍、走著坦暢的道路，這一切都是「手」的賜予。

　　按理而言，做事越多的「手」，就越美麗。雖然它失去外表的柔嫩，由勤勞而造成粗糙，甚至龜裂，但由它而擔負的重任，而挑起的擔子，而製作、創建的一切，形成人類生存下去必須藉靠的基源動力，這是人類使用「手」的成功。沒有人類的手，沒有透過「手」而完成的種種創建，這世界將無從「形成」。

　　年輕的女孩，不應為手的粗糙而耿耿於懷，在這一時期，你應學習做你應該做的事，煮飯、洗衣只是其中一項。你事情做得越多，就表示你的手越有價值，那粗糙，甚至龜裂，只顯示你澈底利用手的「結果」，而那結果應使你感到滿足和榮耀。

　　「手」是要拿來「使用」，而非用來「觀賞」。年輕的女孩，總有一天會成為「家庭主婦」，家庭主婦的手往往必須駕馭和操縱一切，那都有關於你的家庭的成長，使它成長得順利而美好，完全有賴於你的手所作的辛勤不懈的努力。

　　從現在起就該訓練你的手，能挑起擔子、負起重責，不要斤斤於「粗糙」的出現！女性的手越粗糙，越能證明它從努力不懈中所建起的價值，而這價值不是任何浮面的美麗所能代替。

養成儲蓄的習慣

　　「儲蓄」以備不時之需，以應付生活中可能發生的意外和風浪，是人人應該具備的良好習慣，但對年輕女孩來說，更具重要的意義。

　　女孩都是未來主婦的「備胎」，而主婦在任何一個家庭中，其一言一行常有左右家庭的力量。一個奢侈浪費的主婦，一定使家庭趨於衰敗。勤勞節儉的主婦，會慢慢帶領家庭，從艱困中越過，逐漸走入寬裕的境界，但只要是走正當道路的人，從艱困到寬裕，絕非一蹴可幾，既要開源，又要節流，開源要遵循正當的原則，堅持正當的道路，而節流呢？也要有確當的準則。

　　如果我們很細心，我們可以發現，有些錢可以不花，譬如衣服，能夠保暖，有足夠喜歡的衣服就行了，實在用不著買那麼多。我們經常可以看到有些人的衣服，一個個衣櫥，一只只衣箱掛滿、放滿著，經年到頭難得穿那麼一次、二次，衣服太多，反而成了累贅；家用雜物也是如此，只要夠用就可以了，不要東買一件、西買一點，堆得到處都是。在吃方面，當然要顧到營養，但也不必吃得太好，年輕的女孩不妨讀讀營養學方面的書籍，使自己能懂得如何調配營養、購買食物。既能顧到營養，又能選擇較為價廉的，諸如豬肝所能提供的營養，可以紅蘿蔔來代替，那就寧可買紅蘿蔔，而不買豬肝。在行方面，可以坐公車，就不要坐計程車。在住方面，

「室雅何需大?」能夠住得下,又能整理得雅致美觀就夠了。衣食住行都能很節儉,無形中即可省下些錢來,作為「儲蓄」的款項。但在面對親友時,卻不能如此「錙銖必較」,該花的錢要大方地花,尤其對境遇差的親友,要能雪中送炭。

　　我的女兒,在她讀師大的四年中,每學期我給她的五、六千元生活補助費,她都存了下來。到她畢業那年,她弟弟開刀,她把全部存款提出作為弟弟的開刀費,幫了我很大的忙。雖然使我很感歉意,但由她所做的儲蓄為我解決了困難。現在她在美國深造,我只給她一年的費用,一年過去了,完全靠她自力更生,她從小養成的節省和儲蓄的習慣幫了她很大的忙。

培養「擅長」！

　　不管是男孩、女孩都應該要有「擅長」，擅長不等於謀生的「技能」，但卻是個人興趣與愛好的凝結提升，具有擅長的人，等於在生活中找到足可依恃的「立腳點」。

　　甚至對女性來說，「擅長」比男性更為重要，因為女性結婚以後，也許不出外工作，除丈夫、孩子、家人以外，她無法接觸更多的人，狹窄的接觸面和狹窄的生活圈，使她更需要個人所具有的「擅長」來支持她，使她除家務以外，更要擅長的「提升」「支持」她能做出更有用、有益的事情。因為女性在感情上也可能被丈夫「架空」，讓她苦心經營的家庭遇到悲劇性的挫敗，在境況上陷於孤單無助。如果她有一份擅長，她可以逐漸找到勇氣，從挫敗與無助中重新站立起來。

　　任何一個人的擅長，任何性質的擅長都不是天生就有的，那必須在很年輕時就付出苦心的培養，就像一粒種子撒進土層，必須要灌溉、除蟲、除草、鬆土、施肥。種子滋生幼芽、苗壯、長大，是一連串辛苦培植的過程，而人的「擅長」，就像種子一樣。

　　擅長總是隨興趣而苗生的，看看你對哪方面的東西發生興趣，你喜歡文學？喜歡音樂？或是歡喜繪畫呢？除了這些，還有別的多種多樣的東西。當你發現那接近而又喜悅的光，你可以任選你所喜愛的。任何擅長在最初那個階段都像剛苗生的幼芽，稚嫩而脆

弱、幼小而無恃,你付出心力、傾出血汗,並且必須越過那可能遭遇的重重阻折——。

是的,越過那重重阻折,譬如說你喜歡文學,你希望在文學的領域中建造有作為的天地,而任何有作為都不是一蹴可幾的,你必須經過許多艱苦的學習。你要使自己的文字有夠水準的造詣,你就必須讀許多夠水準的書,你還必須在實際的寫作中鍛鍊自己,你更必須擴大自己的生活圈,從生活中接受實際的經驗,而這些都應該是永不停息的。你擁有主觀的「努力」,但客觀現實,並不一定能給你相等的助力。你寫的稿子投出去,不一定都能刊出來!任何一個作家,在寫稿、投稿的過程中,都一定會遭遇到「退稿」的打擊。受不了退稿的,往往一蹶不振,倒下去,消滅了「自己」;受得了退稿的,他會從退稿中尋找缺點、改正自己,他也會不斷越過退稿的打擊,終能讓自己活得「勝利」。

在這世界上,沒有一件事情能完全順利的,培養「擅長」亦然,擅長像珍貴的寶石,絕不能平白而得——。

蜚短流長！

　　很多女性都犯了一種通病，當沒事兒時，都是東家長、西家短，吱吱喳喳、議論不休，不但浪費了自己的時間和精神，也製造許多是非，害了別人，也害了自己。

　　這類女性，有的是無知的，不曾受過良好的教養，是非不明、黑白不分，只圖逞一時口舌之快，甚至會無中生有地製造些話題，並說得繪聲繪影。有的雖受過教育，甚至擁有豐富的學識，但在口舌上卻和那些無知的婦女一樣，喜歡蜚短流長、製造事端。

　　「沉默」雖不一定是「金」，因為該說的話還是要說，但年輕女孩應該訓練自己，儘量多做少說。人生苦短，不管年輕的、年老的，都無法擁有無限量的時間，我們能夠做到的是少說無用的話，多做有用的事，把握一分一秒的時間，使它能對自己產生實益、增加學識、磨練品格、提升性靈。由於你一點一滴地朝正確方向所作的努力，可以使你靈魂高大、學養充實、品格良好。這也就是「做」和「說」不同的地方，語言常形成空洞，而行動卻是實在的，實在的行動也能給你帶來許多實益。

　　蜚短流長都是從口舌的搬弄中造成的，一般稱之的「長舌婦」，最大的特點大概就是「搬弄」的本領吧？東抓一點、西聽一點，然後透過口舌的曉纏，變成一件件無中生有的事實。長舌婦的可憎和可厭，一方面由於她的多嘴多舌，常為人帶來困擾和損害，

另一方面也顯出一種品格上的「卑劣」。

　　年輕的女孩要使自己將來不成為「長舌婦」，從這時開始，就要注意限制自己——在言語上千萬不要任之「泛濫成災」，要學習常閉著嘴唇。當別人在議論紛紛，你可以不參加意見；當別人在說這個、那個，你應該避開一邊。這樣所作自我的限制，會使你漸漸形成習慣，永遠不說不該說的話，你的靜默和沈靜也會幫助你脫開所有是非。

　　千萬不要走進那些聒噪不休、議論紛紛的場合，千萬不要與那些長舌者搭在一起，不要說任何人的閒話、不要挖任何人的隱私，永遠管制自己的舌頭，你會成為十分可愛的沉靜者。

心胸要開闊

　　我認識一個婦人，整天待在家鑽牛角尖，不是和這個鄰居計較，就是和那個鄰居爭吵，詭計多端，心懷惡毒，時時忘不了算計別人，而且可怕的是她的丈夫也被她教唆得和她一樣。

　　這個婦人平常愛說閒話，只要有一點事，就東挑、西唆，她把別人當作槍使，利用這把槍，把自己要發的子彈發出去，明裡害人、暗裡也害人。雖然她常常因此而得到勝利，占了便宜，害了她要害的人，達到她想達到的目的，但她真的會因此而快樂嗎？

　　快樂的人都是心胸坦蕩而寬大的，陰詐狹隘永遠與快樂為敵。

　　年輕的女孩，必須訓練自己要有寬大坦蕩的胸懷。我們面對人生，人生的場地是廣大的，它包羅萬象，我們可以學習崇高的山嶺、沁涼的溪水、遍野的綠色，以及苗壯的莊稼禾田，使自己挺直而活動，充滿生機而能收穫果實。在這世界上，人類生命的年限短促，即令我們擁有很多，卻無法擁有「永遠」。在這些裡面，我們就必須加以「選擇」，而值得我們付出力量追求的，絕非「身外之物」。樓房、汽車、多量的金錢，巨大的財富，也許有它的可愛處，但你不能享受「永遠」，也就不能保有「永遠」。不管富者、貧者，時間一到，兩腿一伸，都是一坏黃土，因此物質的東西並不值得我們傾盡心力去追求保有。如果你能這樣想，你不斤斤計較於

私利，你的心胸自然 會寬大坦蕩起來。

　　當然「寬大」要有原則，在坦蕩中也要保有黑白是非的辨別，珍愛正義、鄙棄邪惡。作為正在成長的年輕女孩，學習以寬愛的心懷面對生活、接觸人際，你將會學習到很多東西、得到很多快樂。而將來，當你長成以後，也絕不會成為上述那個婦人的可惡典型。

別拖累了上一代！

　　一個同學的鄰居老太太，為兒媳、女兒帶孩子，常常左手抱一個、右手抱一個、背上背一個、後面還跟一個。六十五歲的年齡，看來起碼有八、九十歲了，羸弱、疲累、蒼老，在她眉宇神態間流露出來，使人衷心不忍，而且感觸良深！

　　老年的一代，在年輕時都吃過苦，帶孩子可說是最不易和辛苦的事。把自己的兒女帶大了，如今卻又要為第三代而辛勞，不管哪方面說都很殘忍。當然，老一代的人帶孫兒、孫女，有時是自願的，但這一「自願」裡，含有多少對兒媳或女兒的愛和體貼，關切以至自我犧牲的奉獻。作為婆婆或母親，即使自願付出這些，作為女兒或兒媳的「衡情度理」也不應接受這種越代的給予和犧牲。在年輕時曾經擔負養兒育女辛勞的母親，應該讓她有一個較為輕鬆愉快的晚年，使她可以有完全自由的隨心所欲的時間。拿我個人來說，我的三個孩子，都是在我裡外兼顧的情形下帶大的。當他們幼小時，我總是把他們鎖在家裡去上班，牽腸掛肚、痛苦莫名。好不容易把他們養大了，可以「丟手」了，卻又遭遇許多別的問題，諸如病痛的折磨。我的么兒幼年時住院一年八個月，開過八次刀，經濟上所遭遇的困難、情緒上的極端痛楚，都必須「面對」、「克服」和「承受」；然後還有別的各式各樣的問題——為女兒出國深造，我提早退休，獻出所有。我為兒女的成長，盡了最大的心力，也獻

出無盡的努力！因此我對他們說，當將來你們結了婚，不管是女兒或兒子，生了孩子，我不會再替你們帶，我希望自己至少獲得一個輕鬆的，可以做點自己所喜愛事情的餘年。

　　所有年輕的女孩，觀念上應該有個認識、心理上也要有「準備」。當你們成家時，也即將要面對「生兒育女」的問題，不要把兒女出生後的「照管」寄望於婆婆或母親。即令婆婆或母親與你們住在一起，也不要把這「重累」扔給他們，因為他們已經為兒女的「成長」努力和犧牲過了，沒有理由再把年輕時作的努力和犧牲在夕陽的老年時期再壓榨自己，「重複」一遍。有些遠在國外的年輕夫婦，生了孩子，甚至送回國來讓父母照顧和撫養。我不否認孩子能解除老年父母的寂寞，也不否認含飴弄孫之樂，但像上述的那個六十五歲的老太太，讓照顧孫兒女成為卸脫不了的重負和責任，形成「老牛拖破車」的殘忍局面，又於心何忍啊？

永不褪色的美

　　年輕是人生階段的錦繡時期——生命像剛剛滋生的蓓蕾，綠葉襯托和圍繞在蓓蕾四周，生機勃發，活力充盈——。

　　年輕也像生命中最堅牢的韌帶過程，生活的幕迎著朝陽啟開，那幕的樑柱紮實地著牢於土地，而土地裡充滿營養與水分。

　　年輕使你擁有很多，「新生」的健康的身體，能面對「磨練」，挑起重負，世界一片彩色，在那彩色裡雖未必純然地潔淨，但你可以去吸收經驗，並學習辨識。

　　你還擁有所有的一切「起步」，學識的、能力的、才幹的，你充實學識、培養能力、鍛鍊才幹，而更重要的是品格。你使自己的品格迎向陽光和雨露，有光明的照耀、有正當的雨露的傾灑和滋潤。

　　你在這時總該有完全的信心，你自己掌握在你手裡、環境掌握在你手裡、世界掌握在你手裡；由於你，將為整個人為的環境增添活力、創造生機，五彩繽紛、蓬勃茂盛的氣象將不斷照耀人間。

　　你擁有很多，可以掌握很多，並創造很多小開拓及建立很多。在這些方面，年輕的女孩和年輕的男孩絕沒有「兩樣」。

　　女孩有一個「美」的標準，男孩也有「美」的標準，而這裡所說的美，不純是外在的，更重要的是「內在」，是個人性的，也是屬於整個人生和生活的內涵的——。

我們喜歡看到美麗的花朵、蒼翠的樹叢、高峻的山巒、涼涼的流泉、清澈的河水，因為這些充滿靜態和動態的美，而「愛美」是人的本性。

　　當你年輕時擁有很多，也就是擁有美。即令你年老了，但你仍保有年輕的心情、朝氣和活力，你就仍然不會失去那天賦的「美」的魅力。

　　不要專注於外表的美、不要用化妝品將自己臉上塗得五顏六色、不要穿那奇裝異服，你的高雅氣質，你對生命的熱愛、對人生的透析認識、對生活的盡心灌溉，你崇高的抱負和理想以及你所作的執著不懈的努力，會永遠為你贏來「年輕」，並保有那永不褪色的美。

幸福

「幸福」沒有一定的定義，因為人的認識不同，看事的角度不同，感受也不同。

有的人認為：幸福的條件需要巨大的財富作為「基點」，在衣食住行上都能滿足高度的物慾要求，穿綾羅綢緞，或其他品質的昂貴衣裝；吃精緻豐富而又可口的食物；住高樓大廈，內部設置既闊綽又豪華；行要有高級的轎車代步等等。

也有的人認為：權勢和地位是幸福的徵象。權勢可以滿足慾望、地位可以提高身價，擁有這些，也就擁有幸福。

還有的人認為：名利的滾滾而至，是幸福所不能缺少的基因。威名遠播，利益不斷湧至，等於為「幸福」造成了保證。

但這些是否真的就是「幸福」呢？在這些所謂幸福後面，過高的物慾要求，會使人不擇手段地搞錢；只顧私利，不顧公益；只顧填滿自己的口袋，而不惜損害和侵奪他人，其結果不但可能身敗名裂，還會觸犯法網。一昧追求權勢和地位，和同輩的人傾軋爭奪，自私貪婪，不但折損品格，且權力往往使人腐化，地位使人昏瞶，所得難償所失。名利則兩者都有其害，一昧製造「盛名」會使你忽略實質，不管你做什麼，只有虛名，沒有實際，又有什麼意義呢？盛名沒有實質充實其中，總是短暫而浮泛的，純粹的私利更加禍害無窮，這些躲藏在所謂「幸福」後面的暗沉和魔影，完全否認

了這類「幸福」的認定。

　　對女孩子來說：嫁一個好丈夫，如果你也具有好妻子的條件，就等於有了一生幸福的保證。即或在別的地方有遺憾和缺陷，但你的家庭，你的另一半會給你最大的支撐和助力。我有一個同學，她自己教書，先生開計程車行，三十年的婚姻生活，夫婦兩人恩愛逾恆，兒女乖巧聽話，各有所成。幾間紅磚小屋，位於平淺的山坡上，院內植滿花木，水池游魚，使院落內平添生氣和美色。我的同學曾說，有恩愛體貼的丈夫、有佳兒佳女、有安定的職業，人生如此，夫復何求？每次到她家，我喜歡她一家和和樂樂的氣氛；喜歡她家院子裡所散發的田園的野味；喜歡她的純真、坦率、熱忱、親愛；喜歡她先生對整個家庭的愛心和負責；也喜歡她的兒女的無邪和可愛。我說她是最幸福的人，由她所代表的，也是「幸福」的真正定義之一。

不要打牌

　　賭博有百害而無一利，為賭博而傾家蕩產，而殺人放火，而貪墨犯法者所在都是，但賭博之風未曾因而稍減，家庭中盛行麻將，從老太爺、老太太到中壯年夫妻，以至於年輕小孩無不參與其中，「麻將之聲」，聲聲入耳，到處可聞！任何一個賭徒，都先以「消遣」之名為之，然後身陷其中，無法自拔。

　　賭博之所以盛行，固有其社會性因素，但一般家庭主婦之行為不正，熱好此道，實為賭博不斷形成擴散之主因。如果主婦不走進牌桌，並盡一切可能誘導全家以正當的娛樂代替打牌，這不但會使家庭走上正途，也會使社會減少許多因賭博而造成的罪惡。

　　年輕女孩品行、習慣、興趣、愛好等等都還未定型，在這時候，應深切認識賭博的害處，除了浪費時間、精神外，在金錢上還可能造成大的漏洞；而這漏洞可能越來越大、越漏越多，而陷入難以收拾的地步。

　　年輕女孩，應特別注意要遠離牌桌，不要對它投以注視，或以此為樂，如此一定會帶來貽害無窮的果。當你結婚成家、生兒育女，如你在女孩時就染上打牌的惡習，那將會使你的家庭陷入不幸，兒女得不到母愛的完整照顧，丈夫因你熱衷打牌而被你冷落，日常的家用，甚至因你打牌而完全輸掉了，影響一家生計，不但如此，還可能欠下巨大的賭債。

三缺一永遠是個陷阱和輸局，千萬不要坐上那個位置，否則你等於永遠走上「自毀」和「毀人」之路。

學習勤勉

　　勤勉的反面是懶惰，如巴克斯特所說：「懶惰是誘惑的溫床、疾病的搖籃、時間的浪費者、幸福的蠶食者。」而羅蘭夫人說：「懶惰是德行的墳穴。」

　　我們經常看到，有的人家到處窗明几淨、井然有序，沒有累積的灰塵、沒有堆積待洗的衣服，待洗的雜亂、骯碗。走進這樣的人家，你會在無形中感覺「勤勞」撒布在每個角落，使一切顯得如此奮發、完好、舒適、有為。但我們也經常看到，有的人家灰塵滿處、髒衣服到處堆放，連吃過的碗筷也扔在桌上不收、不洗，夏天時甚至爬滿了蒼蠅，顯出沈落、骯髒、雜亂和無望。

　　主婦永遠是家庭的支柱和靈魂，除非你抱「獨身主義」，任何一個女孩，將來都無法避免要走入家庭，因此你必須有這方面的準備，而勤勉習慣的養成，不僅能使一個家庭蒸蒸日上，也能幫助你自己得到你所想要的寶貴的東西。

　　許多人喜歡「懶惰」，乃因懶惰能使人得到一時的安適，但懶惰也等於將人的意志和手腳都活埋了，懶惰也使一切「壞」的都堆積在那兒並變得更壞；不洗的衣服、不洗的碗筷、不整理的屋子、不抹擦的灰塵、不掃的地，只會更髒、更亂；而在我們身上，當懶惰統御著我們，時間就像停止了，我們任時間過去、任心力虛耗，懶惰在我們生命中造成最奢侈的揮霍，形成時間、心力的浪費。

除這而外，懶惰還讓我們得到飢寒、得到愚蠢、得到墮落，甚至得到疾病，而最後與「魔鬼」同行，懶惰使人不成為人！

我們要驅除懶惰所能造成的惡習與禍患，只有一條路可走，將懶惰趕走，學習勤勉。我們承認，勤勉會帶給人一時的「不適」，勤勉也使你永不停止地工作，但當我們被永不停止的工作包圍著，我們會感覺，潛力是無限的，除了適當的休息外，活力也可無止境地取用。如果我們遭遇困難，勤勉可以幫我們克服困難；遭遇障礙，勤勉可以幫助我們越過障礙。如果我們只有普通的才智，勤勉能使它變為優秀。我們有傑出的才幹，勤勉更能使它增進。一把刀，如果不是「鋼刀」，放在那兒會生鏽，但我們把它用壞了，比任它鏽了好。勤勉無疑要求我們付出許多心力勞力，在付出的過程中，我們會感到，我們越多做事，就越能做事。我們越讓自己忙碌，就越有空閒。許多事情都是成對比的，沒用、有用、無為、有為。「忙」與「閒」也是如此。

人的生命是短促的，勤勉也能使我們賺取較多的生命、時間。有的人一天中做一件事，我們做三件、五件事，等於使時間變成「三天」或「五天」，也等於使我們享用了三天、五天的生命，當然這是指做有用的事。

年輕人，尤其是女孩，應放棄懶惰、學習勤勉，要永遠記住，懶惰只會使事情停止不前或更增加困難。懶惰是會為我們帶來一時的閒適，但也將為懶惰付出無以收拾的代價，結果使懶惰變成「愚人的假日」、「墮落的避難所」等等。

少說廢話

和一個朋友上街，由於她住在那兒很久，認識的人很多，每遇見認識的人，她就停下步子與之聊天，有時又說又哭，有時激昂慷慨，聲音特大，且延連不絕，說的卻沒有一句是必要的、中肯的，幾乎全是廢話，我站在那兒支持不住，只好找個可以坐的地方坐下來，不然真會暈倒！

一般的印象，女人都是多話的，甚至囉嗦的，犯了這樣的毛病，卻又常常不自知。當然，我不是說，作為女人絕對應該少說話，該說的話還是要說！與知心的朋友聊天，我們會感到那是人生至樂！因為可以真心相向，但與一些根本不相知，只屬面熟或僅「禮貌之交」的人，實在不必那樣「大擺龍門陣」地聊，還有一些眾人相聚的場合，能緘默最好保持緘默，談笑風生也許沒有什麼不好，但張牙舞爪地鬧樂，就失去女性應保有的那份嫻靜的可愛了！

年輕的女孩應該注意及此！不說不必說的話、不說不該說的話、不說惹事生非的話，也不說「廢話」和「閒話」。沉默未必是金，但女孩學會沉默，會使你留給人「淑女」的印象，而不是又跳又鬧的「狂女」！

人的氣質常在言行舉止間表現出來，劣等的氣質雖未必代表劣等的人品，但卻無可避免地使人的「水準」低了許多，因此，我們必須培養自己有良好的氣質，但氣質不能憑空而生，雖然其中

也有天賦的成分，主要的還需後天的培養，而培養之道不外充實學養、錘鍊品格、提升性靈，更重要的是要學習沉默、冷靜。

我們常常感到，一個能夠傾聽別人說話的女孩，比只管自說自話呱呱叫的女孩來得可愛，多話使人煩、廢話使人厭。當然，如果你是以寫作為「業」，透過言語的管道，對各方面多作了解，這種「多話」，又當別論。

一盆綠意

　　我家客廳的電視機旁，放著一個容積並不大的白色花盆，花盆裡茂盛而高聳地生長著幾株萬年青，花盆裡的土是我從附近的河溝挖來的。這個花盆是我前年在榮總住院，母親節時，小兒子抱到病房送給我的「節禮」，花盆裡插滿艷紅的康乃馨、挺放的花朵以及那未開的蓓蕾都十分生動地引人注目，並散發著那種喜氣洋洋的優美燦爛的光輝。同病房的病人都說這盆康乃馨美極了，但它的美並沒保持很久。雖然天天澆水，挺放的花朵凋謝了，那未開的蓓蕾歷經開放的過程，也趨於凋謝，綠葉枯萎了，於是我們把殘枝枯葉扔掉，只剩下一個空空的白色的花盆！出院時，我把這花盆帶了回來，曾經有半年的時間，它被棄置在那兒，直到我有了較強的體力，也有了較旺盛的「生趣」時。除了這個花盆外，予以「廢物利用」，以餅乾桶等作「容器」，從河溝挖了許多土回來，把這些容器一個個放滿土，然後又找了些可以插枝的木本植物，像紅葉樹、變色樹、聖誕紅以及那些我不知名的可以插枝的東西。只有那高高長長的萬年青是我花錢去買的，七塊錢一株，我買了兩株，把它們剪成好多段，插在好幾個容器裡，包括這個白色的花盆，土壤和水，使他們每一種都活了。如今我的書桌上，有兩盆萬年青，滿叢綠葉，其間夾雜著「紅色」，而那白色花盆裡的萬年青，長得特別高大而茂盛，由這使我想起那盆美麗的康乃馨，它因無根而凋落，而死亡！

但這萬年青，根株深入土層，我並未施加肥料，只憑土和水，它卻生機勃發，長高壯大。由這也使我想起，女性每天花費很多時間「化妝」，只顧著外表的美，卻忽略了內在學養的充實，優美性靈的培養，它的結果將像無根的花朵一樣。

年輕女孩應深體其中的道理，無可否認，外表的美是有一種力量，但如果沒有內涵的美作為支持，那美必定會壞於易碎而至「毀亡」的命運。我們不妨想想，沒有高雅的氣質、沒有夠深的學養、沒有生根的力量作為支撐，以至沒有良好的品格等等，那「洗去即無」的化妝對你有何助益？

當你付出愛情

在古老的年代，男女兩性的結合，是憑媒妁之言、父母之命。那時，年輕的男孩、女孩雖不必為自己的婚事操心，但由這種途徑而形成的結合，由於雙方之間毫無了解與感情的基礎，往往形成不幸的悲劇。時代終究是進步的，隨著時代進展的步伐，父母雖仍然不免為兒女的婚事操心，但大部分決定的「主權」，仍在兒女自身。不論男孩、女孩，由友誼的管道而經過深入交往的過程，當彼此有了認識，且能相互「滿意」，在感情上自然付出到確定可以付出的過程。做為女孩，必須特別慎重。雖然愛情並非生命的「全部」，但對女孩來說，未來結合的對象，當你們真的結合了，有了實質和形式的夫婦關係，你一生的幸與不幸，也就此決定了。不管怎麼「強」的女性，總不免受婚姻關係的左右和影響。如果你嫁的真是個「好丈夫」，你這一生將會走得順利而幸福；如果你嫁的是個有「問題」的人，這兒所說的問題不外性情不好、品格有疵、才能低弱、學養水準不夠等等，其中最重要的是他的感情是否有不忠的移動性？你必須確定這種種都沒有「問題」，才能毫無保留地付出愛情。

當然，在相同的方面，你對自己也必須有相同的「要求」，一個好丈夫，必須有「好妻子」相輔相成。如果你本身有缺點，又怎能要求對方有使你完全滿意的條件？人都非生來就十全十美的，

53

缺點可以糾補、錯誤可以改正，不夠的地方可以努力加以充實。當你對自己也有了同樣的滿意，你也就可以毫無愧疚地面對你所愛的人。

當你付出愛情，必須等於是為你的未來幸福和一個幸福美滿的家庭奠定基礎，你獻出自己的愛，也接納對方的愛，這愛猶如樹木的根柢深入土層、向陽生長、茁壯蓬勃，而在那可見的美好未來，也會結實纍纍，兩個人的結合應該產生三個人以上的力量。你們在未來的日子裡，不但有一個是雙方和兒女都感幸福的「美滿之家」，使你的一生都走著順利坦途，而且會對國家社會有良好的貢獻，但這一切良好而肯定的結果，都必須奠基於你付出愛情時慎重而無瑕疵的抉擇。只有完好的起步，才能使你們不斷「前行」，也不斷地摘取「成就之果」。

寧願寂寞

　　交友慎重的人，常常會沒有多少朋友。當然朋友也有很多種，大體可分為禮貌上的和感情上的朋友。一般交往的人，都屬於禮貌上的，遇到時打個招呼，說幾句禮貌上的寒暄話，當然這只能說是「認識」而已，只是外表的熟悉，別的都說不上。人活在世界上，也許有很多認識的人，這些僅僅是認識的人，不能說是「朋友」。

　　我有個年紀比我輕了好多的朋友，他很有衝勁和活力，有極高的學養和才幹，氣質好，懂得的東西也多。他太太和他一樣是個十分有「靈性美」的人，他年紀輕輕的就創下好多事業。我和他雖交往不久，但相知很深，因為他替我出了不少書。他使我欽佩的，是把在商業圈中賺來的錢大都貼進出版社。他交友廣闊，大概沒一個人有比他更多的朋友，商業圈的、文化圈的，加起來可能無以計數，但他竟然被「朋友」倒了好幾千萬。基於「朋友」之間的傾心幫助，最後所有借出的錢都被「吃」掉了。我批評他交朋友等於「濫交」，才會落到這種使人難過的局面。

　　年輕的女孩如濫交朋友，結果可能會比這更使人難過，因為我這個年輕朋友損失的只是錢財，雖然損失數字如此之大，但終究是「身外之物」。女孩在濫交朋友的情形下，將可能發生「一失足成千古恨」的後果。錢賺了可能失去了，失去了還可能再賺回來，

但身心蒙受其害，可能造成的事實局面，也許永遠都挽回不了。不管是男孩、女孩都該多交朋友，但一定要慎加選擇，性情、品格、內涵、學養，都必須是良好而有夠得上水準的，才能與之深交。真正的朋友不一定要經常見面或聚在一起，但內心的相知卻是必須的。我的一些朋友就是這樣，我們各忙各的，很少晤面，但我經常想起他們，有時一個電話，有時一封信，我常讀她們寫的文章，知她們安然無恙，並繼續作著努力，我會為他們感到高興。只要有幾個知心朋友，外表即使很寂寞，內心卻不寂寞，如果交不到這樣的朋友，那就寧願寂寞，也不要濫交。

建造成功

　　成功不是能夠平白拾取的，必須花費心力去建造，大的成功由許多小的成功聯結而成，點點滴滴地建造，會獲得點點滴滴的成功。

　　對年輕女孩來說，什麼才是你這時候應該建造而獲取的成功呢？

　　我們可以假定你有幾種情況，你正在求學途中，你已經工作了，你的環境順利，你的環境充滿阻撓——。

　　如果你正在求學途中，你就該全力以赴，把你正在學的東西努力學好，但學習不光是單面地從書本上學習，你應把從書本上學到的東西，儘可能地付出於行動，由行動印證和提高理論。如果你在大學裡讀外文，你可以學習翻譯外國作家的作品，如果你在中國文學系就讀，你可以努力寫東西。雖然現在知名的作家，中文系出身的很少，但可以由你開頭，由中文系出身而創造良好的文學作品，作品不在寫得多，而在寫得好。在剛開始時，尤其該「重質」而不「重量」。我們經常閱讀小說，往往發現一篇短短的小說，超過一些「作家」的幾十部小說的價值，寫得多但卻寫得爛，千篇一律，沒有特色，沒有個別的內容，沒有現實的血肉和發人深思的哲理和主題，這樣寫出來的東西，只是情節的鋪敘，是狹窄、世俗、虛浮而不著實際的，寫得太多，也難以晉入文學的崇高殿堂，只能

被目為低俗的「言情」或其他性質的不入流作品而已。我們除非不做，做什麼就一定要做得像樣，不光是寫小說，做別的也是一樣。

如果你是讀商科或其他的系，我認為你也應該儘可能尋求「學以致用」的機會，大專學校不同於小學、中學，你可以一面從書本上學習，一面從工作中學習。「工作」能輔助你的學習活動，能提高你的生活興趣，也能幫助你在人生道上尋求和建立成功的起點。

如果你已經就業了呢？我們可以看到現在許多就業的女孩，找到一份工作，就以為可以「停止」了，「工作」除了有「飯票」的和「寄託精神」的價值，也是給你磨練的機會，你不但要做好工作，也要推進工作。諸如一個年輕的女教師，不光是把書教好就夠了，除了一面教書，一面充實自己外，也該在本身的崗位上不斷改進，改進傳統的教學方式，或是從根本上把傳統的教學方式扔棄，扔棄那純灌輸性的和填鴨式的，讓你所教的能成為理解的、致用的。在任何工作裡，你可以儘量找尋自我創造的天地，你在那天地裡付出心力、努力，你才能找到並建立真正的成功。

如果你的環境順利，你當然能順順當當地走你要走的路，但所有的勝利也必須靠自己的努力，有努力才有收成，有收成才有成功。否則順利的環境可能成為一種擺飾，甚至障礙，而不順利的充滿阻撓的環境，有時雖然讓「我們難過」，但只要我們不甘被屈服，我們反而會因此而得到「助力」。我們知道，要得些什麼，就必須付出什麼。米放在那兒，絕不會自己成「飯」，而要我們去「煮」；衣服放在那兒，也不會自己跑到身上，而要我們自己去「穿」；我們要順利地走路，可以把所有的不順利因素逐步排除掉。托爾斯泰說：「決心就是力量，信心就是成功。」即令你的遭遇十分坎坷、不幸，只要你有決心和信心，你會戰勝坎坷與不平。

我們在人生道上努力獲得一個個小的成功，所有的小成功累積起來，才會成為大的成功。而能說得上是大的真正的「成功」，均非個人性的，必然與眾多的人「休戚與共」，因此在成功裡必須排棄自私，而在真正成功之前，我們無可避免地會遭遇失敗，「失敗是成功的近鄰」，也是教訓我們的利器，沒有經過失敗的成功永不會是「出色」的。俾斯麥說：「失敗是堅忍的最後考驗」；而雨果則說：「對那些有信心而不介意於暫時失敗的人，沒有所謂失敗。對懷有百折不撓堅定意志的人，沒有所謂失敗。對別人放手，而他仍然堅持，別人後退，而他仍然前衝的人，沒有所謂失敗。對每次跌倒，而立刻站立起來，每次墜地，反會像皮球一樣跳得更高的人，沒有所謂失敗。」讓我們從百折不撓的失敗裡摘取成功的果實。

快樂地學習

　　年輕女孩正處於成長的時期，良好而智慧的成長，需要從事多種多樣的學習。

　　有的年輕女孩也許還正在學校讀書，有的或已到社會上工作，有的或許待在家中。人的際遇不同，所要學習的也往往不同，但一個放諸各人身上而不變的真理，屬於人類日常生活範疇內的東西都應該學習。

　　這兒不說學識上的充實，不說才幹上的琢練，只說日常生活中一些必須要做的事情。

　　我們都知道，燒飯、洗衣是人類生活中最起碼的事情，只要是人，只要活著，就要吃飯，也要換衣，但飯不能自己煮給我們吃，衣服也不能自己洗了給我們換穿，因此我們必須學會燒飯、洗衣，不論男孩、女孩都應學習。而在這仍以男性為中心的社會裡，已成家的女性，即使也在外工作，卻往往必須裡外兼顧，對家事負起較多的責任。當然你嫁的是個體貼的丈夫，他會與你分擔「責任」；但客觀地說：大部分的男性都樂於事業、懶於家務。如果女性也如此，這個家庭就很糟糕了，除非具有優良的經濟基礎，請得起「管家」，但即令有管家，主婦如不能循循善導，這個家也將會弄得一塌糊塗。

　　燒飯、洗衣說來雖是普通的事，但燒飯必須具備的「配

件」，要把「菜」燒好，就必須花費一番學習。在年輕時期，必須花點時間學習「烹飪」；或者買本菜譜，自己學習。至於「洗衣」，也包括被單、床枕等的洗滌，現在大部分的家庭雖都有洗衣機，但質料較好的衣服，必須用手洗，「領」「袖」上的髒垢也必須用手洗，才洗得乾淨。而在這上面，必須有個整體清潔的觀念，醫院病人病床上的床單等一星期換洗一次，當然也有的一星期換洗兩次的，家庭方面雖不必如此勤洗，床單、枕罩至少兩星期要換洗一次。每天洗澡，衣服則應每天換洗。

　　除這些而外，家庭居室的整潔也是重要的，整潔不能憑空得來，必須人自己整理、清潔，每天清理、抹擦，比堆在一起易弄得多了，把家裡弄得乾乾淨淨，自己也較舒服。

　　這些雖說都是很簡單的事，能夠完全做到的女性卻並不多。趁你還年輕時，要注意多做這方面的學習。快樂地學習，也會有快樂的心情，使你所學習的東西，充滿樂趣和意義。

愛心與信心

　　對任何女性來說，愛心及細心都是極為重要的，但愛心及細心並非完全由「天賦」而來，後天的培養也居於重要地位。

　　當然，愛心的基礎是必須黑白清楚、是非分明；因此，你也必須要有良好的品性學養，以及具有正確而深入的對人生社會的認識。當你有了這些條件，你付出愛心，才不會誤入歧途，投錯對象。而細心呢？如果你天生「粗心」，你可循後天的訓練來改進，只要努力以赴、持之以恆，你可將「粗心」完全革除，獲致細心的完好的表現。如果你原本就很「細心」，再加以後天的磨練，你會成為毫無瑕疵，在任何情況下，都不可能出現疏漏、形成錯失，或造成遺憾等等。「愛心」與「細心」相輔，往往會使一個人經常將關懷和援手給予別人，在暗晦中襯托出亮耀、在平凡中成為偉大。

　　雖然女性均應具有愛心和細心，但真正具備這兩者條件的並不多。我有一個我稱她為「大姐」的寫作界的朋友，她自身家務繁忙，寫作很勤，她的作品產量多，品質也高。除了這些，她還要照顧孫兒女，我可以想像出她的「忙碌」，但在這種情形下，她總還不忘關懷別人、給予別人。每次寫作圈的朋友相聚，我總見她把一捲捲報紙遞交「同行」，而我是其中之一；她將她所看到的「刊」有我的文章的報紙都為我留存下來，而我經常發現，其中有些，我自己沒有「發現」。由於她的「愛心」和「細心」，使我的粗心大

意所造成的疏漏獲得彌補。我內心深深感到，不論在感情與實質上，我都欠她很多，而這種「欠負」，真不知該何以為報？

　　我十分敬愛我這位大姐，她的努力不懈，在寫作上十分優秀而傑出的表現；她在無形中表現出來的自我犧牲的愛心，無微不至的細心等等，都使我深心感動而難以或忘，她在這許多上面樹立了值得學習的典範。這也使我想起許多年輕的女孩們，如果你們欠缺愛心和細心，而又不自知，在成長的過程中，會像天候缺乏雨露、高空缺乏陽光。貧瘠自私的心靈、粗率疏誤的言行，不但害人，也會誤己！虛心客觀地檢討自己吧！當你確定自己缺乏這兩者，從現在起開始學習、努力訓練。

生活、歡笑！

好友呂青給我寄來份我寫的文章，剪報旁邊的空頁上寫這幾個字：「給白烈，快快樂樂地生活，呂青祝福你、喜愛你！」呂青雖是我新認識的朋友，但她爽朗快樂的性格，對人自然流露的親切誠摯的情誼，雖只有兩次晤面和相聚，卻使我對她心懷友誼和感激。

和呂青在一起，面對她清麗俊秀又滿帶笑容的臉龐，聽著她充滿歡笑的談吐和笑聲，會使人忘憂。老是沈落於陰雲密布中的我，常落落寡歡，經常淚盈滿眶，甚至有萬念俱灰之感。雖然我仍作著應作的努力，寫文章時仍然對人生滿懷熱愛，生機蓬勃，綠意盎然，並儘可能鼓舞別人的信心和勇氣。但在孤寂自我的小圈子裡，我常對晴空萬里漠然無感，對叢綠蒼翠視而不見。現實中無可奈何的「折裂」，都是緊跟著我，如影相隨，小苦惱，大苦惱，再加上那滿是痛苦的回憶，於是歡笑在我生活中完全失落了。

呂青也孤伶伶的一個人，使我欽佩的，她並不因孤單而苦惱。她「退休」了，卻並未放棄工作，每天仍到她原來上班的地方做著無給職的「差事」，風雨無阻，興高采烈，她明顯地有著無私奉獻的精神，暇時寫些文章。已經六十出頭的她，看來還是那麼「年輕」，心理和外表的年輕使她笑口常開。我年歲比她小，我曾對她說，我不喊你呂大姐，只叫你呂青好吧？因為我心理上的年歲

比你「老」。

　　我曾在一篇小說中寫過：「過去不管是痛苦的、快樂的，都已經過去了。」呂青無疑有一段快樂的過去，但當她遭遇慘痛的打擊，那快樂就失去了。她說：「時間會治癒傷痛，當我那另一半逝世，我曾感覺我活不下來了。但慢慢的，我從強迫自己活得很好到『自然』活得很好。」她的話語和態度都給了我「啟示」：人活著，就該快樂地生活，人生苦短，數十月的歲月，犯不著跟自己過不去，要儘可能在生活中製造歡笑，而不要緬懷痛苦。尤其作為主婦的，情緒和態度都會影響一家人。年輕女孩在逐步邁入家庭主婦的階程，應培養自己具有遇挫折而不灰心、遇打擊而不後退、遇苦難而不怯陣，遇到痛苦的逆境而能維持豪邁的「生機」、「信心」於不墜。應使生活、歡笑永遠連在一起，既不間隔，也不斷裂。

妳能做到嗎？

　　許多說來十分簡單的事，對一些年輕女孩，卻很難做到。

　　現在我們提出一些問題。

　　妳能早睡早起嗎？按照醫理上的分析，午夜十二點以前的睡眠，睡一個鐘點等於兩個鐘點。那麼妳為什麼不早點兒睡？偏要做「夜貓」，那麼晚睡，又那麼遲起來呢？我說這話，不是沒有根據，我所熟識的年輕女孩，大都有遲睡遲起的習慣，包括我的女兒在內。她從小就很用功，讀書總要讀到深夜，每天清早我就得費九牛二虎之力才能把她叫醒，她穿好衣服，吃了我早就準備好的食物匆匆趕去學校。有時來不及吃，我就得塞些錢給她，讓她到學校買東西吃，反正每個學校都有福利社，有食品供應，但如果能早一點起來，在家裡舒舒服服吃頓早餐，又該多麼好呢？而我逐漸發現，不光是我的女兒如此，許多女孩都像她一樣，有時星期天上午十點左右，我到朋友家，他們家的年輕女兒，可還「高臥未起」呢！不光是女孩如此，甚至男孩也是如此，我家兩個兒子，其中一個就犯了諸如此類的毛病。

　　你能不「小心眼兒」嗎？一般的說，女性總是器量較窄，一點點事，就放在心眼裡兜轉，尤其年輕女孩，容易犯這毛病。我有個同事，一兒一女，兒子灑脫得很，什麼小事兒都不會擱在心上，女兒卻老是「噘著嘴唇」，明明爸媽是很公平的，她卻認為爸媽偏

愛哥哥。「這個小公主，一點得罪不起，對兒子說話可以隨便點，對女兒說話都要戰戰兢兢。」我的同事說。

是小心眼造成的，是心胸不夠寬大，因此要從訓練心胸寬大開始。

妳能完全不說東話西嗎？說東話西往往是「蜚短流長」的開始，「蜚短流長」的婦人，一般稱之為「長舌婦」。被人冠上「長舌婦」的女性，實在是使人憎厭的「典型」，要檢束自己！不說東話西，不蜚短流長，不讓自己成為長舌的婦人，這要從年輕時就嚴加注意。

妳是嚴謹而又勤勞嗎？雖然人的個性不同，但在人生的路途上，總該嚴肅而謹慎地走，不誤入歧途、不同流合污，對任何事謹慎處理，不讓不必要的錯誤發生，這些妳有否做到？

「勤勞」是做成一切事情的基礎，勤勞的習慣是要從小養成的。如果妳還沒有這一習慣，從現在開始，要學習養成。

我們應該做到的事很多，不光是這幾點，先問問自己有否做到？如果沒有，那麼就「做」吧！所有正當而準確地做，總會幫助你得到很多東西，並助你完成許多事情。

永保綠意

　　客廳放電話架上的一盆「綠樹」，給兒子搬回外室去了。那盆小小但蓬勃生長的綠樹，曾給這簡陋的客廳帶來旺盛而美好的生機。這盆綠樹原本是屬於他的，我要他搬出來，他怎麼也不肯答應，不得已之下，我只好自己想辦法，家裡有不少瓶瓶罐罐，有的派得上用場。兒子房裡有他購買收藏的好幾個大大小小的花瓶，我要他拿出來。前後面陽臺有我栽培的好多種萬年青，我就這樣剪剪插插，一共弄了十個大小不同的瓶插。反正萬年青放在土裡、水裡都一樣，有的用土種，有的用水盛插。我的臥室有一個盆栽、一隻瓶插，客廳有八個，三盆盆栽、五瓶瓶插，於是叢綠滿盈，放眼看去，到處充滿了旺盛勃發的青春綠意。這些盆栽、瓶插，我整整搞了一天，不免有點辛苦，但弄好以後，原本鬱悶的心情開朗了，盛滿心頭的不愉快也一掃而空。

　　我喜歡綠色，綠色代表生機和青春。我們這層公寓房子就有綠色為基調，連新裝的電話也是綠色。五樓新蓋的房子，除了天花板是白色的麗光板外，牆壁和地磚全是綠色，租房子的人曾再三驚嘆：「哇！好美的綠色！」

　　人的生命，尤其是年輕孩子的生命中也應該充滿綠色！多接近大自然，看崇山峻嶺、綠野滿趣。到鄉下走走，田野裡長滿農夫手植的綠色莊稼，有的高聳、有的低矮，這裡面凝和了多少血汗

勤勞。人永遠擁有自然的和人為的兩個世界，而綠色充盈其間。人在年歲的進程中，雖然有幼年、少年、青年、中年、老年之分，但內心的青春只要「憑持有力」，將可永不消失。人為青春的綠色，可以由我們創造、維護及保有，不光是外界之物，也包括內在青春的綠色。

　　年輕的孩子，自然擁有青春、擁有綠色。珍惜和善用它，使它保持永恆，是你對自己和對這社會應付的責任。尤其是女孩，要特別加強對這方面的注意。

慈愛的母親

　　「我那個小女兒懷孕了，一會想吃這個、一會想吃那個，我要她索性搬回家住，要吃什麼，我可以弄給她吃。」蕊心姊微笑著說：「因此小兩口子現在都住在我那兒。」

　　聽她平平淡淡地說，我心裡卻一陣難以言喻的感動，把兒女撫養大了，如今又為女兒的懷孕操心，而當兒媳女兒上班時，孫兒女，也都由她帶。她的愛心、耐心以及為兒女犧牲奉獻的精神，真的使人感動莫名。當見到她的小女兒時，我對她說：「你有一個最慈愛而偉大的母親。」

　　「養兒方知父母恩」，做為兒女的，只有當自己也有了兒女，才能真正體會到父母養育的恩情，尤其是母親，由孕育兒女到生養兒女，母親的胸懷成了兒女的天堂，母親抱撫兒女、餵養兒女、關心和疼愛兒女，往往勝於對自己。在幼時，兒女永遠是母親的「重負」。兒女逐漸長大了，在一切上面仍是牽腸掛肚，有痛苦給予安慰、有困難代為解決！兒女萬一遇到什麼不幸的事，那種錐心的痛楚往往會撕裂母親，使母親寢食難安、淚水滿盈，恨不得身為之「代」。

　　年輕女孩在母愛籠罩中，要能善體親心，要儘可能減輕母親的負擔，要盡力幫助母親，要在心理上分負她的擔子，在體力操勞上，以「身代」減輕她的艱辛。所有的年輕女孩，除非是抱「獨

身主義」，否則有一天也會透過婚姻的結合而成為母親。

　　母女在相互給予中能彼此依靠，與其先學習如何做母親，不如先學好做好女兒的角色，使辛勞的母親有時也能依靠你，好女兒必然是未來的好母親。

年輕

「年輕」是尚未完全定形的成長時期，對社會沒有深入的認識、對人生只有模糊的觀念、對生活沒有準確的把握，甚至，在學習進程，在為人處事的態度上，往往也免不了疏漏和錯失；任何人都會經過這樣一段時期，無法一下子就能正確而開闊地起步，不能一下子就掌握住人類智慧和精神的精髓。不管你的家境如何、際遇如何，如果你能從客觀環境中獲得必要而正確的「助力」，那是你的幸運，你會因此而縮短摸索的過程，你會免除走錯誤的冤枉之路，但人不可能都有這份幸運，因此我想到，以一個過來人，以一個曾從事基層教育工作三十年，從十九歲到四十九歲每天在與孩子為伍的教書生涯中，憑我對孩子的了解，雖然那是較為幼小的孩子，但在這長長的年月中，我將寫作當成「副業」，總有很多較大的孩子來看我，使我能碰觸到他們的許多問題，使我對孩子的了解能成為一整個系列的，沒有間斷的阻塞、沒有突不破的瓶頸。以教師的身分，以一個有敏銳觸角的寫作者，我希望我能盡到一份責任，告訴並為你們解答許多，也許是你們的父母、師長，甚至純理論的書本都解決不了的問題。

〈給年輕女孩〉是蒙本版主編為我開闢的一個園地，我在這塊園地上播植種子，培植高大的叢樹或蒼翠美麗、燦爛芬芳的花草，不管樹木、花草，它們都會深入土層、茁壯成長。因為，我絕

不會懈怠除蟲、除草、灌溉施肥的責任。年輕人會有困惑、煩惱，會有偏失、錯誤，即令成人也免除不了這些，讓我們共同努力，解除困惑、煩惱；糾正偏失、錯誤。

有個女孩曾寫信給我說：「年輕該是一生中最美好的一段，盡情地喝、盡情地笑；織夢、摘星；理想、抱負，似乎世界就在我們的手中，一切觸手可及，然而，「少不更事」所犯的一切錯誤，也是屬於年輕人的——感情衝動，不夠成熟，不懂事，不會體諒別人，自以為是，以至言語形式，事事冒犯朋友，甚至長輩，但願這些都不是無法彌補的錯誤。」

珍惜你的年輕、善用你的年輕，使年輕成為繁花織錦、翠綠叢生，願我們共同努力，使枯萎和零落永遠離開年輕。

選擇對象

　　我的女兒是個秀外慧中的女孩，但爸媽的婚姻不幸使她看怕了，發誓不結婚，因此從小到大，她除了「讀書」，根本不交朋友，在學校樣樣功課名列前茅，出國深造，兩年中拿到兩個碩士學位，現在攻讀博士的研究報告已經通過，正準備「博士資格考試」，但在交朋友上面，卻是一張「白卷」。

　　其實「男大當婚」、「女大當嫁」，婚姻中雖然有「不幸」，但也有「幸運」。我給女兒寫信，常勸她要多交朋友，並從很多朋友中選擇對象。對女孩來說，要保有選擇對象的自由，有一個原則必須堅持：絕對不用男友的錢。你在感情的歸屬未確定以前，如果男朋友請你吃飯，你不妨回請他一頓。如果男朋友送你東西，你最好不接受，萬一接受了，也要回送他一件禮物，禮尚往來，以免被人說成：人家曾在你身上花了多少多少錢，那樣會造成污濁性的「傳言」，並可能因此而形成被毀壞的不幸。

　　選擇對象，第一，不要選人家的外貌，外貌固然有一種「力量」，但外貌並非一切。嫁個「繡花枕頭」，不如嫁個外貌平庸，踏實，卻有學識才幹，並且品德良好，忠誠愛你的人。第二，不要選人家的家財，身外之物並不值得重視。如果他本人「才疏學淺」，有再多的財富也沒有用。年輕女孩的婚姻完全不同於夕陽斜照地「找老伴」，在年輕時，才幹永遠重於財富，嫁個學養良好，

品行端正，有極高才幹的人，永遠比嫁個「財」富五車的花花公子來得可靠。

　　選擇對象，是要在很多朋友裡選，不交朋友，根本就沒機會選對象，所以年輕女孩在讀書、工作之外，也要多交朋友、慎選朋友，從朋友中再慎選對象，才能獲得未來婚姻幸福的保證。

交友

對年輕女孩來說，交朋友也應該是「學業」或「工作」之外的一個重要項目，然後才能在很多朋友中選擇一個「託付終身」的對象。交朋友首先應注意的，對方必須是品學兼優的。如果品德不端、學養又差，還是不交為好，因此交友也必須經過很多過程，必須透過仔細的觀察、深入的了解、澈底的認識等等。周旋在很多朋友裡面，你可以將他們互相比較，只有在互相比較之中，才能見得出「優」「劣」。

在朋友中，要能讓自己保有選擇的自由，態度上要不偏不倚。在決定選誰之前，對朋友要一視同仁，緊守友誼的界限，尤其重要的，不要在金錢的使用上占朋友的便宜，這也應該是做人的原則。如果違反了這個原則，使朋友為你付出的太多，而最後你卻未「選」他，於是很多難聽的話會因此引出。由於朋友曾在你身上花了很多錢，也可能因此而造成「報復」的不幸。

人生的路並不是順遂的，即使交朋友亦然。有的女孩雖有心交朋友，卻沒有機會，生活圈太小，或周遭的人，你都看不上眼，在這種情形下，要交到合適的朋友就很難。這時候就需要擴大生活圈，或經由別人的介紹認識朋友。

古代的父母之命、媒妁之言結成的婚姻，其中雖有不幸，但也有很多幸運。愛情從結婚時開始培養，有時培養得既順利，又

成熟。時代是進步的,人們自然揚棄了這一「聯姻」的方式,父母對兒女的婚事不必多操心了,但卻造成另一個問題,兒女必須自己負起選擇對象的責任。愛情和婚姻只是生活中的一部分,但對女孩來說,選對了,一生幸福無窮;選錯了,會在你生命中刻下傷痕和不幸的印記,因此一定要透過多交朋友的歷程,從很多朋友中作慎重、理性的比較和選擇。

學養和品格

　　學養與品格是支撐人之所以為人的兩根重要的樑柱，沒有這樑柱，即使「房子」能夠造成，也將是空洞、傾斜，充滿缺陷而欠「完美」。

　　當然，人有各種不同的際遇，不是所有的年輕女孩能按部就班地讀書，但卻無可否認：不論窮人家或富人家的孩子，都有受義務教育的機會。九年的義務教育，你從不識字到識字，從完全的無知到有起碼的知識。如果你有幸升學，那麼你求取學養的路子就很坦順。即使無幸升學，比較起來，學校僅是一個較好的學習環境而已！而那廣大的社會卻有更多的東西可供你學習，你一面「謀生」，一面學習活的經驗和知識。在工餘之暇，也可走自我進修的途徑，從有益有用的書本中求取知識，不斷奠定基礎，提升學養。因此，不管你是「在學」或「非在學」的年輕孩子，你都擁有機會充實學識、磨練修養，使你不斷走向你想走向的「境界」。

　　有學養和欠缺學養的人，在基本上就有很大的差別。有學養者對人生社會、生活、感情必有透剔的認識；在行動上，他為真正的「生活」而活著。沒有學養的人，也許只能糊塗地活著，活著純為謀生，除謀生之外，沒有理想、目標，求取吃喝的「滿足」維持「生計」，而在「生計」上頂多求得更好的享受而已。對這類人，生命只是數十年吃喝的旅程，即使活得再久，也是如此。而對那具

有堅實純高學養的人，他們會從學養的洪流中掙扎、奮鬥、越過，創造並締結生命的永恆之果！就像愛迪生發明了永不熄滅的電燈，為人類世界的黑夜帶來永恆的亮如白晝的光明。

有「學養」而無「品格」，也像房子沒有正樑，傾斜歪倒，危機百出；人性呈現的不端和邪惡，自私貪婪，為私利而損害、攫奪別人，蠅營狗苟只任物慾的囂張、私慾的滿足，將正直、公道棄之如敝屣。這類欠缺品格的人，不管是男孩、女孩，無異是社會的蛆蟲，使惡濁漫溢、蚊蠅竄飛。

年輕的孩子們，要注意學養和品格的培養，使之趨向紮實、良好，然後你活得才會正確無誤，有價值與有意義。

年輕的熱忱

　　最近這一、二個月我常感覺自己缺乏熱忱，不是缺乏助人的熱忱，因為我仍像以前那樣好「多管閒事」、愛「打抱不平」。我比以前不同的，是再沒有以前那樣愛「寫」的熱忱了。以前我什麼都寫：小說、散文、雜談、評論、兒童文學作品等等，尤其這幾年來，由於我寫的一些評論，均是善意而有建設性的批評、建議，我曾鍥而不捨，換了各種筆名為之，造成輿論的普遍取向。幾件「犖犖大端」的事，竟然由於我的建議、批評，一掃幾十年來的不合理而改變了。「養老給付」與「退休人員保險」，魚與熊掌不可兼得是其中之一。現在經改變過的草案早已擬定：退休人員既能領「養老給付」，又能參加「退休保險」，並且早已退保的人也能於今年七月一日起在原服務機關重新投保，不再成為過去不合理「規定」的「永久犧牲品」，原來連被扣押的「養老給付」的優惠利息計算在內，高達百分之三十六的保險費率已定案降至百分之六至七，並由政府補助百分之四十，但想想那將近一年中，我不斷為文努力批評、建議的艱辛。常常登出一篇又一篇的「迴響」，每篇東西我都影印多份，分寄各有關機關主管，那樣孤軍苦鬥地充滿熱忱。在這件事上，我所遇到的不是「僵硬鐵壁」，而是開闊的胸懷、忠誠奮鬥的熱忱，「回應」了我一年來所作的連續不斷的努力，於是自有「公保」以來就存在的不合理撤除了，並且決定惠及已「退保」

人員，但如果我沒提早退休，直至今天，我也不會了解其中的不合理，因此那些有關官員、民意代表、新聞記者對此渾然不知，使這中間的不合理延續至久，也就不足為怪了。但如果是「現在」，我自知已缺乏這一熱忱。

　　有個名叫譚健民的年輕醫師，他是我在榮總住院時的病房醫師。由於他的熱忱，直到現在，我們仍保有「聯繫」。最近一段日子，我因感冒引起嚴重的日夜咳嗽，陷入極度痛苦。他得知後，自告奮勇，利用星期天要親自用他自己的汽車載我去目前他所服務的台北省立醫院「急診」。這所醫院在新莊，路太遠，他平常又太過忙碌，只有星期天可與妻兒相聚，因此我拒絕這份好意，他卻告訴我：做為醫師的根本沒有星期天，如果我不聽他的話，一定要拖到下星期才看醫師，如因此發生什麼併發症，他就「救」不了我了。雖是「開玩笑」，但看他那樣誠摯的熱忱，只好坐上他的車子跟他去醫院「急診」。他幫我掛號，自己為我診治，又帶我到藥房去領藥，四天份的藥，吃完病也好了，而在這以前，我也看過醫師吃了一星期的感冒藥，越吃卻情況越糟。我透過電話，推崇他的醫術，他卻說：「你應該不會忘記，你在榮總住院時，我照顧過你。我知道你的體質，適用什麼藥，這就和陌生的醫師完全不同了。」譚醫師的熱忱，使我心感莫名，包括他太太在內，寧願犧牲假期的團聚也再三要求我「聽話」去急診。他們夫婦共同表現的熱忱，也像寒冷中的陽光暖暖地照著我，並傾灑人間。「熱忱」是人間至寶，它可以改變許多事情。醫師如有熱忱，甚至可救治一個原本陷於絕境的病人。當我發現我患了胃潰瘍，看了兩次腸胃科醫師，就不想再看了，私下決定仍然看我原來的內科醫師林祖權，他是臺大內科教授，對病人和氣熱忱，也許他非腸胃科權威，但他對病人的愛心、細心，以及永不消散的熱忱，使病人如沐春風並對他有完全的信心。

熱忱並非完全天賦而有，更重要的要靠後天的培養，尤其是年輕女孩，你自己要建造成功的事業，必須保持永不中斷的熱忱，而任何一個成功的男人後面，也必須有一個熱忱無私的妻子。培養並保持熱忱，應是我們在人生途中重要的課題。

整潔

　　整潔這件事說起來雖是老生常談，但是真正做到卻並不容易。有那麼一個年輕女孩，總是任讓桌椅布滿了灰塵，東西亂七八糟地放著，那種亂七八糟，可以幾個月不移動一分一毫。一張放在屋中間的桌子，顛倒地斜放著，當我幾個月以後去到那兒，仍然是老樣子，那種髒亂可以垃圾坑來形容。我心裡老是想，誰要娶到這個年輕女孩，一定會倒了八輩子的霉。

　　人住著的地方，總得維持起碼的整潔，東西井然有序地放著，桌椅門窗不蒙灰塵。弄亂了的東西，隨時整理；弄髒了的東西，隨時洗淨。門窗桌椅天天抹擦一遍，那實在不必花多少時間。即令住的是最簡陋的屋子，用的是最破爛的家具，只要能保持整潔，看起來仍會是舒舒服服的。

　　每天抹擦、打掃、整理，也不必花多少時間。如果長期地堆積在一起，整理起來就要大費周章，而這種勤於抹擦、打掃、整理的習慣是要從小培養的，尤其是年輕女孩，當你長大成人，一定會成為家庭的主婦，在踏進結婚禮堂以前，必須要具備許多良好的條件，而愛好整潔是最重要的條件之一。

　　所以從現在起，你必須培養自己有這樣良好的習慣。如果你已經具備這樣的習慣，那當然更好；如果還沒有，就要開始注意。一點一滴地，強迫自己去做，先是「強迫」，慢慢地，習慣成自然。

你雖然不一定很高興去做，但會感到總該去做，一切物件擺得井然有序，到處窗明几淨，你會感到輕鬆愉快，你的家人也會和你一樣。

愛好整潔、做到整潔，是幸福家庭的條件之一，而且是極為重要的條件，年輕女孩不應不加以注意。

把穩感情的方向

　　有個年輕妻子告訴我，她先生把計程車賣掉了，現在租了幢兩層樓的房子開了個「公司」，請了幾個小姐，而她還住在原來租住的地方，因為那地方離學校近，孩子上學方便。

　　「公司租的地方可不可以住家？」我問她。

　　「樓上可以住家，問題是離學校較遠，對我這幾個還在上小學的孩子不太方便。」

　　「我認為你應該搬過去住。」我說：「任何一個家都總該完整地在一起，不應該分兩個地方。」

　　「晚上他會回家睡，只是跑來跑去也很不方便。」

　　「既然你住的房子是租的，也不是你自己的房子，何必花兩份錢租房子？而那邊樓上的房子空在那兒也是浪費。」我說：「再說，其實孩子上學有點不方便，也是可以解決的，譬如你可以送他們上下學，自己也順便走動、走動，走路也是很好的運動啊！」

　　我說了這許多，其實「目的」只有一個，讓她搬過去和丈夫住在一起，別讓她丈夫有和年輕女孩談戀愛的機會。

　　我經常看到，有些丈夫在外面開什麼「店」或「公司」，請了個年輕小姐作為幫手，這個小姐也便自然而然成為他的「情婦」了，耳鬢廝磨、喁喁情語、體貼入微。我眼前就有好幾個活生生的例子，那情況看來真是危機重重，可是陷入迷途中的雙方卻都樂不

思蜀。

　　許多年輕女孩喜歡和有婦之夫談戀愛，因為他們在經濟上比較有基礎，在感情上體貼入微，懂得獻殷勤。因年齡的關係，且都具有成熟的「魔力」，於是年輕女孩墜入其中，往往不能自拔。輕則傷害自己，重則破壞別人的家庭。

　　我實在為這些年輕女孩可惜，他們原可有大好前程，正當青春年華，生命有如錦繡，不知好好珍惜，而卻寧願和有婦之夫搞三捻四，不但落得一身髒污，被人咒罵，害了自己，也害了別人。這種於己有損，對人有害的事，又何必去做呢？

　　奉勸所有的女孩，千萬別和有婦之夫談愛。

三姑六婆

有些女人常被人罵為「三姑六婆」，所謂「三姑六婆」，大多不脫東家長、西家短的本色；除了議論別人的是非，搬嘴弄舌之外，就別無其他。三姑六婆型的女人，大多學識簡陋，或甚至根本談不上學識，有的不識之無，有的空洞洞的，猶如無根而潰爛的浮萍；所言所行也就顯得污濁混雜、俗不可耐。

女人之淪為三姑六婆者很多，雖然目前也有許多「出眾」的女人，她們有良好的學養，在生活上顯得嚴謹、在工作上有傑出的表現、在待人處事上有適當的分寸，既不搬弄是非，也不蜚短流長！她們有溫柔廣泛的愛心，那愛心如日照耀，甚至使這世界顯得美麗。

女人中有這些分別，並不完全由於天賦。而是從小所接受的「教養」，往往占了重要的左右力量。

父母對女孩的教養必須特別加以注意，尤其正在成長的年輕女孩，一切還未「定形」，要以身作則，給她們以良好的榜樣。要教養出不打牌的女兒，必須自身不打牌；要教養出學養優秀、力求上進的女孩，父母本身必須先有這樣的條件；要使女兒不陷入搬嘴弄舌、蜚短流長、宣揚是非，首先父母要作好「榜樣」。尤其是母親，與女兒關係密切，一言一行都將使女兒受此影響，有個好母親，才會有個好女兒，因為「身教永遠重於言教」！

年輕女孩本身也要嚴加防範，要將「別人」看作「鏡子」，要能辨別黑白、認識是非，要學習好的、揚棄壞的。千萬別讓自己陷入「三姑六婆」式的類型。

　　三姑六婆雖不一定是「賭徒」！但淪為賭徒者大有人在，每天除了打牌，別的正事兒不做，東家打、西家打、這家打、那家打，在牌桌上論長道短、口沫橫飛，「牌桌的王國」，成了這類女人發揮本領的「場地」。

　　年輕女孩應引以為戒。

熱忱待人

　　我認識兩個年輕女孩，和她們都處過一段時期，我對待他們的態度是一樣的，處處關心他們。當他們遇到什麼難題，我都會盡自己所知告訴他們解決的辦法，但我從她們那兒得到的「對待」卻不一樣，一個熱情洋溢、一個冷若冰霜。

　　我非常喜歡那熱情洋溢的女孩，她對人既禮貌周到，又親切熱忱。當她住在我家的那短短數日，她知道我喜歡花木，總買些花木來種。她離開我家時，甚至特地送了我幾盆花。每次回到嘉義，我都不敢通知她。因為只要通知她，她會天天抽空來看我，送這個吃的、送那個吃的。有次她問我，寫稿用什麼筆？我說用鋼筆。傍晚時分，當她下班了，竟然買了一隻鋼筆送來。我說我的鋼筆也是剛買不久，我要她拿回去自己用，她卻怎麼也不肯。她還有一個特點，和我一樣地很喜愛整潔，也很會佈置房間，使她住的小小房間裡，顯得花團錦簇、優美無比。

　　另一個女孩，卻與她完全不同，不管我對她多麼熱忱，她總是冷冰冰的。她住的地方，灰塵滿積，凌亂無比，她從來不加整理。這兩個女孩形成兩個極端的典型。

　　任何一個女孩的成長，成熟而至於定形，對她未來要組成的家庭，都有決定性的影響作用。上述兩個女孩，前者如果有與她條件相當的對象，當他們結婚以後，一定幸福美滿；而後者呢？娶

她的男孩，可能就會吃足苦頭，既不能與家人和善相處，又不能睦鄰；既不會整理家庭，反而會產生破壞作用。一個個缺點、一件件毛病的出現，將逐漸使這新成立的家很快陷於萬劫不復的境地。

　　能熱忱待人的人，對別的事無形中也會產生熱忱，而熱忱永遠是「無價之寶」，它會使所有的事，像暴露在陽光之中，接受溫暖的傾灑和普照。

不要「畫蛇添足」！

　　每走到百貨店裡，人與模特兒，我常分不清楚。花枝招展的店員，當她用固定不動的姿態站立在那兒，往往就和那穿著時髦的模特兒一樣，難以分辨。

　　每走到街上，我也常會看到一些過分化妝的女性，臉上紅是紅、白是白、藍是藍的，在一衣著方面，則奇裝異服，尤其那現在時興的半短不長的褲子，不管是年輕的、中年的女性穿在身上，都很不像個樣兒，那招展而過的神態，甚至使人為他們難過。

　　我總覺得年輕就是美，年輕的女孩實在不必怎樣化妝，臉上淡淡地抹些脂粉，穿著適中就夠了。我的女兒甚至從來沒有抹過脂粉，天冷時，最多擦些面霜。她長長的頭髮披在肩上，有時梳成兩根辮子，天生具備那種北方妞兒的灑脫味道，我常說，媽媽好喜歡你這樣子。

　　我的女兒和我一樣，也不喜歡任何飾物。她大學畢業那年，我特地去打了兩條金鍊送她，金鍊的下墜各刻著兩個字，一是「平安」、一是「幸福」。我說你戴在身上，沒錢用時，可以把它換掉，等於有「救急」和「護身」的作用。我特地從嘉義送到台北來，她卻不肯戴，她的同學要她戴，勉強戴了一會，又脫下來還我。她的脾氣和我極為相像，因為我自己也從來沒有戴過什麼金的或銀的。

　　這一輩子我甚至沒搽過一次口紅，有一次我的同事和我開

91

玩笑說：「如果你搽了口紅到學校上班，一定會引起轟動。」他們
要我試試，我卻從沒試過。

　　不管是年輕的、中年的或老年的女人，都不該過分地化妝，
那往往會弄成「畫虎不成反類犬」，尤其年輕女孩，過分地化妝，
反而會成為畫蛇添足了。

好友

　　回到嘉義一些時日，有的報紙沒辦法看到，也不知道有沒有我的稿刊出？返北部後，我打了個電話給好友呂青，煩她替我看看那段時日的報紙，有無我的稿件？她一口就答應下來，第三天我就收到她寄來的三篇剪報以及我們參加一項活動合拍的幾張相片。每次收到她寄給我的東西，我就馬上打個電話給她，這次也是如此。我問：「是不是從你辦公的地方找來的？」她說：「辦公室的報紙當天看、當天丟，怎麼會找到？我是到隔壁書店找來的。」

　　「書店可以找到嗎？」

　　「把你說的那段時日的報紙完全找出來！有你的稿子就買下，然後用最快的速度剪下寄給你。」

　　「我欠你的情越來越多了。」我說：「就像債務一樣，越堆越高。」

　　「別說這些了，你快快樂樂就好。」她說：「只要我辦得到的，就替你辦。」

　　呂青就是這樣一個熱忱而乾脆的人，她總是對人傾心相待，且樂於助人。

　　我的朋友不多，但與我交往的，都可算得上是我的「好友」，人不能沒有朋友，但也不能濫交。文中子說：「君子先擇而後交，故寡尤。小人先交而後擇，故多怨。」尤其年輕女孩，不管

交同性、異性朋友，都要小心選擇。莎士比亞說：「有很多良友的人，就是有很多財富。」也許我們不可能擁有「很多良友」，但起碼總該有一些良友。朋友全是後天建立的感情，你自己必須真誠對待朋友，也才會獲得朋友真誠的回報。

　　擁有「好友」的人，無形中，會使生活增加快樂。如果有痛苦，痛苦也會因此而減輕，好友且可使我們產生依賴之感，好友也往往為我們分擔煩憂，使我們感到喜悅。而我們面對「好友」，要儘可能做相同的回饋。

愛的真諦

經常的，我們會看到女孩或男孩當失去了所愛的人，會因此而殉身，尤其是女孩子，當她一旦擁有了愛，她會把這看成唯一的，生命中唯一重要而又不能失去的，一旦失去了，也就等於失去了一切。

事實上，愛絕不是生命的全部。我們不否認愛所給予我們的依託和寄望，它使感情甜蜜、使生活充實、使人生充滿快樂和希望。擁有愛的人是幸福的，但在愛的道路上，正如別的人生之路上一樣，並不都是平坦而順利的。雖然如叔本華所說：「戀愛是結婚的過程，結婚是戀愛的目的。」但從過程而達到目的，往往也會遇到挫折和不順利。

有些時候，我們常常發現愛錯了人，這裡面的錯，有多種多樣。有時我們發現對方性情不好、品格不端、學養不夠「水準」，或是在「愛」上面不夠忠誠等。有那麼一個男孩和一個女孩相愛，多少年的感情了，但女孩最後發現，他還有別的女朋友，於是在這打擊之下，她萬念俱灰，快樂消失了，生活的意志失去了。她每天以淚洗面，恨不得一死了之。我對她說：「這對你可能還是件好事，因為你在未結婚前就發現，你可以沒有牽絆，毫不猶豫地退讓出來。如果你已經結婚了，問題就很多。對任何一個妻子來說，最痛苦的就是丈夫有外遇，而外遇一定使婚姻亮起紅燈，並導致家庭破碎。」

這個女孩聽了我這番說法，雖然無法立刻收起眼淚，但她慢慢想通了。

　　「失戀」是隨時可能發生的，如巴爾禮克所說：「既然失戀，就必須死心。斷線而去的紙鳶是不可能追回的。」如果為「失戀」而殉身，那就太傻了。即令不幸，「死亡」奪去了我們所愛的人，我們也有責任好好活下來。因為失去的愛，不管是在什麼情況下失去的，終究不是一切。

貧窮是恥辱嗎？

　　我有個很要好的同學，她女兒結婚前，她告訴我，她未來的女婿學優品端、才幹高、能力強，各方面的條件都很好，小倆口也很相愛，女婿家就是窮一點。她用滿不在乎的口氣提到窮，使我覺得她很可愛，因為她不世俗，也不認為窮有什麼不好，她表現的態度正好和我一致。

　　我自己也很窮，我不但不以窮為恥辱，甚至有時還以窮為傲呢？因為我從來不曾做一件有虧良知的事，我的每分錢都是循正當途徑賺來的，而所有走正當的路，循正當途徑賺錢謀生的人，絕不可能很「富有」。即使生活能夠改善，那也是從一點一滴的基礎上做起來的！因此我們可以看到，貪官必然富有、清官必然貧窮。投機取巧的商人，財源滾滾而來；正當的商人卻往往只能賺點蠅頭小利。我們也會看到，壞人常會「暴富」，而在醫療界，具有崇高醫德，「偉大」的醫師往往是「貧困」的，因為他從不為私利著想，在工作崗位上只抱著犧牲、奉獻的精神，比起那些腰纏萬貫的醫師來，這種「貧困」不但可引以為傲，而且值得尊敬。

　　貧窮有「自然貧窮」和「自甘貧窮」之分。前者有的是世代貧窮，或因遭遇不幸的變故而致貧窮；後者則是自甘的。許多偉大的人出生寒微，許多偉大的人也往往終身與「貧窮」為伴，因為他們努力追尋的，不是個人的名利，或是國家社會以至人類社會的

福祉。古今中外，許多名垂不朽的人，那些令人欽敬的科學家、醫學家、文學家、政治家、藝術家，往往終身為貧窮所困，這樣的貧窮，為他們所從事的工作，換來永垂不朽的「收成」，而且收成是屬於廣大群眾的。

當然，貧窮會給我們帶來痛苦的重壓，也會有許多不方便，在匱乏中生活並非「樂事」，但我們也不必因此而否認貧窮、掩飾貧窮，重要的是要貧窮得有「骨氣」。像我，我從不以貧窮為意，也從不曾因貧窮而向人家借過一分錢，甚至當朋友將錢送上門來我也一概拒絕。我總堅持一個原則，什麼樣的收入，過什麼樣的生活。我的那個要好的同學曾再三說我每天吃的是「豬食」，我想「豬食」就「豬食」吧，只要我自己吃得「心安理得」，而有時，我也並非因為沒有錢，而是節省成性，節省點錢下來，可因此擁有不予匱乏的自由。萬一發生什麼意外，也可用來應付，而不必「求人」。

我的那個同學雖然口中滿不在乎「窮」，但當我為她女兒的結婚寫了篇東西，無意中將她所說的「窮」字寫出來，其實她的女婿家並非真「窮」，而是「小康之家」，我在文中也寫明了，她卻因此大為生氣，說我寫文章不該暴露她女婿家的「窮」，又說害得她和她的女兒幾天吃不下飯，也幾天沒睡好，我們因此而處於「斷交」狀態。她和一般世俗的人一樣，視窮為恥辱！窮真是恥辱嗎？真是「秀才遇到兵，有理說不清。」年輕女孩要能養成知足常樂，甚至安於貧困的習性，不為「私利」所誘、所圍，所以，將來你和你的丈夫才可能做出偉大的事業。

嫁個好丈夫

　　我有個朋友，她嫁了個不煙、不酒、不交際，只知道努力工作和面對寫作的人。他在報館編報，其他的時間都用在寫作上。他忠於家庭，熱愛妻子、兒女，因此她那家庭幸福、美滿，沒有一點缺憾。

　　婚姻雖非生活的全部，但在女人來說，卻可決定她一生是否幸福。嫁個不良丈夫，往往像下了十八層地獄，永遠不得翻身，青春年華浪費了，一生的幸福毀了，最後落得家破人散，甚至造成兒女心理的不平衡，使兒女蒙受難以平復的傷害。

　　因此女孩結交朋友，挑選對象，一定要慎加選擇，不一定要有良好的經濟基礎，卻必須有品學兼優，以及肯努力不懈發展的潛力。像我那個朋友的丈夫，她嫁他時，父母曾大加反對，因為他那時只是個小小報社的編輯，住的地方，只有竹床、竹桌、竹椅，再加他是外省人，不當的省級觀念，也造成「阻力」，但我的朋友不顧一切嫁給了他。工作環境變了，再加兩人在寫作上作共同的努力，他們用一點一滴的努力，改善自己的生活。目前他們住的是大廈，銀行裡有存款，而且源源不斷的。女兒出國深造了，兒子目前在一家公司工作，吸取實際的工作經驗，不久也要出國深造。我那熱愛旅遊的朋友，差不多已花了將近兩百萬元到世界各地旅遊，一年一次的旅遊，為她帶來很多寫作資料。

這是一個找對丈夫而幸福滿盈的典型，我常以我這對朋友夫婦的幸福告誡年輕的女孩，挑選對象要慎加考慮，品學兼優的發展潛力重於一切。

　　幸福美滿的婚姻不但使當事人一生幸福無憾，也使兒女像生活在春風吹拂，暖陽傾灑，可獲得完全正常教育、生長的環境之中。

適婚年齡

　　在古老的年代，男女早婚是經常的現象，早結婚也就提早背上了家庭生活的擔子，但現在時代不同了。由於完成學業的問題「存在」其中，一般男女到大學畢業就二十二、三歲了。如果再加上在國內讀研究所或出國深造等等，婚齡常常自然地延後，什麼時候結婚完全是由男女雙方個人取決的問題。唯以「醫學生理」來說，二十三至二十五是第一結婚「適齡」，二十五至二十九則為第二適婚年齡。不過男女雙方的結合，是以「愛」和「幸福」為追求達成的基礎。如果在這兩者中都沒有十分的把握，「年齡」並不是取決的條件。

　　談到婚姻，就必須談到選擇對象。雖然現在男女社交公開，接觸的機會也較多，譬如同學、同事，都可能成為婚姻「佳偶」，但也有許多男女，找不到適當的對象。在選擇婚姻對象方面，自己是挑選者，也是被挑選者，慎重是應該的；過分挑剔卻會造成高不成、低不就的局面。

　　古人說：「男大當婚，女大當嫁。」即令以現代的眼光來看，在人生之上，兩個人同心合力，興興頭頭地走，總比一個人形單影隻孤孤單單地走好。學業和事業重要，婚姻的問題也重要，必須分一部分心在這上面。談到這兒，我不禁想到農業時代的媒婆主義，只要誰家兒女長大了，總有媒婆自動找上門來。媒婆的三寸不

爛之舌，雖有時不免說得天花亂墜，但她盡了牽紅線的作用卻是無可否認的。而現在呢？雖有「婚姻介紹所」的設立，卻不是普遍的，而且側重營利，其商業氣息過於濃厚。據一些年輕朋友談及，繳了錢，卻不一定有適當的對象介紹給你。

臺視的「我愛紅娘」節目，雖是屬於婚姻撮合的純服務性質，也很受歡迎，但一週一次，不但形成僧多粥少的局面，且公開於螢幕，過於曝光，使個性羞怯的年輕孩子不敢嘗試，尤其是年輕女孩。

婚姻是人生重要問題之一，接近適婚年齡的年輕孩子，不管是女孩、男孩，都應分出一部分時間、心力在這上面，不要過分挑剔，卻要十分慎重地為自己尋找適當的對象。如果父母親友加以協助，也不要拒絕。

把握年輕時光

　　不管是男孩、女孩，年輕時期總是最重要的時期，這是努力的時期、充實的時期，以及奠定基礎發展的時期。

　　所謂錦繡年華，像織錦緞般的年齡，嶄新的，你可以在那上面塗抹上你所要塗抹的任何色彩，你高興塗上什麼就是什麼。人的生命屬於自己，未來的日子是要自己去過的。如果在年輕時光，你任日子一片空白，不做任何努力，你也將收獲不到任何東西。農人不去耕種，田野必然荒蕪；工人不去做工，將沒有任何生產成品可以收成。你和我都知道，只有你做你應該做的努力，生命、時間才不致浪費。

　　年輕女孩應該做些什麼呢？應該努力些什麼呢？你必須讓自己具有夠水準以至深度的學養。男女平等不是建立在空虛的口號上的，女性必須有和男性一樣的實力，這實力包括學養、才幹和能力，而這些都不是憑空得來的，你必須努力專研和培養，而在某些方面，你甚至必須學習比男孩更多的東西。

　　在這仍以男性為中心的社會裡，除非有特殊優良的經濟環境，請得起「管家」，否則，已經長大成人，已結婚、成家的女性，就必須職業與家事兼顧，既要上班、工作，又要煮飯、洗衣、帶孩子、整理家裡，因此年輕女孩就必須鍛鍊自己有這方面的能耐。現代女性，都必須有一套「兵來將擋」、「水來土掩」的本領，而這，

也必須在年輕時光就開始學習的。

　　女性的品格和男性一樣的重要，清廉自守、一介不取、是非分明、善良正直。一個能做出偉大事業丈夫的後面，必須有賢良的妻子，而女性本身要做出偉大的事業，也必須有良好的品格作基礎。品格與人的關係，就像樑柱與房子的關係一樣，而這，也必須從年輕時候就得開始注意。

　　珍惜年輕時光，善用年輕時光，抓緊年輕時光，播下一切要播的種子，然後種子才能發芽、滋長和茁壯。

整理家庭

　　對女孩來說，有關家庭方面的整理，應從小就開始學習。這不是重男輕女，也不是說，女孩活該是「家務」的奴隸，而是實際上女孩對家庭總是負起比較多的責任。長大了的女孩，當她結婚生子，既是妻子，又是母親，她往往必須像棟樑一樣支撐著整個家庭。一個幸福美滿的家庭，在內涵上必須具有幸福美滿的條件，而外在環境上，必須井然有序、條理分明。即令房屋和家具都很破舊，但「整潔」總攬了整個屋宇，使人心情暢朗、情緒安寧。

　　如何整理家庭是一門學問。拿我來說，雖然我使用的都是破舊的家具，但我總把它們弄得乾乾淨淨。桌子太舊了，我會買塊花色清雅的塑膠布，蓋上塑膠布的舊桌子，雖然實質上沒有變新，塑膠布卻遮住了它的醜舊，使它成為美麗。我也經常變換家具的位置，使它不墨守成規、一成不變。所有要使用的物件，總放在一定的位置，免得要用時，難於找尋。經營一個家，即使像我家，只有一個孩子和我住在一起，他早出晚歸，如果我不出門，總是單獨一人守在家裡，但我還是在屋裡弄了好些綠色的盆栽，觸眼所及，就看到綠色盆栽所顯現的蓬勃茂盛的生機，於是窒息和痛苦都稍減了，這些盆栽甚至給了我對生命的信心和繼續活下去的勇氣。

　　我的書桌雖然也有凌亂之時，但我把事情做好了，隨手收拾，那凌亂就消除了。書桌凌亂的原因，總是整理和剪貼自寫的稿

件，有新的稿件刊出，能夠整理和剪貼，那也有份收成的喜悅。就怕很久沒有稿件刊出，書桌上總是整整齊齊的，一本稿紙攤放在那兒，耽擱在一邊，手不在工作，心裡便空洞洞的，寂寞得難受。

　　年輕女孩應該努力學習如何整理家庭，甚至男孩也應該學習。把一個家庭整理得整潔有序、清新優美，是你自己以及你的家人的福氣。因為生活在這樣的天地裡，即令有所欠缺，你也會感覺快樂得多了。

女孩的成長

　　作為女孩，在成長的過程中，必須具備多方面的特別嚴謹注意的條件。

　　有人說，女孩像一朵花，這朵花開得絢爛，開得美麗就好了，但光是絢爛和美麗是不夠的，必須「美德」撐持其間，其絢爛才會長久保持，美麗才不會消失。

　　女孩必須和男孩一樣，尋求和培養充盈豐富的學養，以這為基礎，將來獻身社會，發揮才幹，使自己貢獻的範圍不完全限於家庭，而也能及於國家社會，以至於世界人類。由於這個社會仍是以男性為中心，女孩甚至必須具備更高的學養、更強的能力，才能與男性並駕齊驅，活躍於社會各階層的工作圈內。

　　女孩必須有特別良好的美德，美德的光耀散發四周，使你所接觸的人事、所要建立進入的家庭，都能蒙受其惠。既和藹親切，又平實樸質，沒有驕橫的氣息、沒有過多的私慾，既善良、正直，也不自私貪婪，於是你站立在那兒，像挺立樑柱，對你自己、對你手中的工作、對你所要成立的家庭，都扮演著中流砥柱，毫不搖移的「角色」！而在未來的生命歷程裡，正如莫泊桑所說：「遵從美德行事，縱沒增加快樂，至少也可減輕焦慮。」

　　雖然男孩和女孩一樣都要具備做事的能力，家事包括煮飯、洗衣以及整理、打掃等等，但衡之事實，女孩比男孩更應努力

學習這些。在未來的家庭裡，女主人永遠是家庭的重心，即使你也在外工作，即使你們請得起做家事的助手，女主人卻仍是家庭的靈魂，必須有你的安排和領導才能使你的家庭完整無缺、一切順利，而你的安排必須是妥貼的，領導必須是睿智的。更何況，多數的小家庭，女主人都是裡外兼顧，往往忙得心力交瘁，因此在這方面，你必須要有心理上的準備，也必須要有充分的能力。

不要讓自己沾染惡習，諸如打牌、抽煙。那會使你成為很差勁的女人，打牌既浪費時間、金錢，吞雲吐霧的油煙，醫師會肯定地告訴你，那是罹患肺癌的重要因素之一，既貽害自己，也貽害與你生活在同一屋子裡的人。

雖然內在美重於一切，但女孩在成長的過程裡，也要學習如何「穿」「戴」，穿得大方整齊，不作添蛇畫足的穿戴，舉動行止都要適當，而更重要的，要謙恭有禮、要孝順尊長，也要有一顆永不褪色的愛心。

孝順

　　一個母親指導女兒選擇對象，除了一些必備的條件外，她說：「你要觀察他對父母是否孝順，能孝順父母的兒子，將來才會是好丈夫。」

　　我覺得她說的很有道理，但這道理不光是對兒子而言，對女兒也是一樣。

　　一個孝順父母的女兒，也才會是好妻子。

　　在任何一個家庭裡，作為主婦的都舉足輕重，其所言所行，甚至具有「左右」和「決定」事件的影響力，「孝順」也是一樣。

　　我曾經看到一個例子，兒子忤逆不孝，但他娶的妻子卻很孝順。每看到他忤逆不孝的言行，她就苦口婆心地勸她，她說：「你是父母生育的，是他們費了多少力量養大的，他們給你受教育，對你付出多少愛和關心。在你成長過程裡，他們也為你解決一件件而來的問題、操了不知多少心、擔了不知多少憂，是他們陪著你走過多少艱難的路，才有今天的你，你怎可用這樣的態度對他們呢？如果我們生的孩子，將來也對你一樣，你會怎樣想？」

　　她對待公婆的態度，不但不與丈夫「同流合污」，反而對丈夫用理性和愛心加以誘導。經過漫長的時日，她終於使丈夫改變了過去的忤逆，也知道孝順父母了。這個終於使丈夫從「不孝」變為「孝順」的妻子告訴我：「我祖母對曾祖母很孝順，我媽媽對祖

母很孝順，他們的孝順態度影響了我，也教育了我。不但是我，我的兄弟姊妹也都很孝順。」

　　這就是女性的影響力，像薪火一樣，代代相傳，永不變易。

　　孝順是為人子女的起碼態度，當然父母不一定是對的。當父母不對時，我們雖不能順著他們，但「孝」卻是基本的為子之道。

　　年輕女孩應該注意，選擇對象應該選擇個孝順的男孩，而你自己也要學習做個孝順女孩，以發揮你對丈夫、兒女長相左右的影響力。

善體親心

　　我有兩個兒子、一個女兒，我給予他們同樣多的關切與愛。在養育他們的過程中，我備嘗艱辛。記得小時候，我把他們鎖在家裡去上班，牽腸掛肚，常使我在上課時，面對學生經常情不自禁地淚水盈眶……。

　　我真的為這三個孩子受盡了苦，最小的兒子幼小時生了最難治的病，我在一文莫名下奔走為他治好，長達一年八個月的住院時間，開了八次刀，使我流盡血淚。他們一天天長大了，兒子經常為我找來麻煩，雖然他們也都是優秀的孩子，在許多事上卻都使我傷透了心。女兒呢？從小學到大學，都乖乖順順地一帆風順，她讀書從來不用我催促，她了解母親的辛勞和苦心，一直到出國深造，她用「努力」爭來的成績，兩年中拿到兩個碩士學位。目前她早已完成博士研究報告，馬上就要參加資格考試，而她一面讀書一面當助教的表現，正如她在學業成績上都是 A 和 A+ 一樣，她的學生寫信告訴我：「你的女兒是最好的老師。」

　　已離國三年多的她，每封來信總不忘要我多注意身體、多吃點好的，有時不妨買幾件自己喜愛的衣服穿，因為她知道我很節省，也知道我唯一的「嗜好」是穿新衣，其實我買的衣服都是到菜市場挑揀來的廉價衣服。我記得她在國內時老說：「雖然是菜市場買來的，穿在媽媽身上卻很漂亮。」她老跟我「合穿」衣服，她臨

出國前，我為她到百貨公司挑選了不少新衣，她都不要，偏偏要從我的舊衣服裡挑選。

我一直記得她的乖巧和孝順，她處處善體親心，從來不加拂逆，比起使我傷透腦筋的兒子來，甚至常使我悔恨，為什麼生的不都是女兒？

當然兒子也有好的地方，但比起女兒來，和媽媽總是有較多的距離。我特別喜愛我的女兒，因為她善體親心，她做的每一件事都使我感到安慰並引以為傲，但願所有的年輕女孩，都能做到這些。

含飴弄孫不是「苦刑」

有那麼一個年輕妻子，把自己生的兩個男孩寄養在公婆那兒。因她夫婦兩個都在外工作，丈夫因此把自己每月的收入都給了父母，這個年輕妻子因此而不滿，和丈夫為此「時生齟齬」，甚至也因此而造成了自己的心理變態。

公公婆婆和自己的父母一樣，曾經辛苦地把兒女撫養長大，雖然撫養兒女是父母應盡的義務，「養兒防老、積穀防饑」，也是古老時代的落伍觀念，兒女並非父母的「私產」，但這是就父母的立場而言。在兒女的立場，對辛勞的父母，在他們的晚年，至少應該有點「回饋」的責任。親友之間尚要「禮尚往來」，何況對生你、育你的父母，更何況把自己生的孩子寄養在公婆那兒？

無可否認，「含飴弄孫」是人生一樂，但公婆的經濟環境不好，又如何能負起撫養第三代的責任？丈夫把自己的一份薪水拿給父母是應該的，即令如此，仍有虧欠。

我曾再三對我的孩子說：「我是在職業與家事兼顧的情形下帶大你們的，心力交瘁、痛苦莫名的景象很難形容，因此將來你們生的孩子概由你們自己負責，我絕不會再幫你們帶了。」我的「餘生」必須留給自己，讀點自己愛讀的書、寫點自己愛的東西。我的兒女都還未「成家」，雖然現在我如此說，將來情形如何？都還未知。

我總以為撫養第三代的責任不應該再扔到年老的母親身上。母親已經累過了、苦過了，已經盡其心力地撫養過了自己生的兒女。到老年時，她應該休息，她沒有義務再撫養第三代。我不要求兒女的「回饋」，即令如我已「一無所有」，但只要我還能寫，我的手還能工作，最起碼的，我總能養活自己。

　　年輕妻子是由年輕女孩的階程而步入的，那個不滿丈夫將薪水交給父母而致「心理有病」的年輕妻子，應該想想，你也將有年老的時候，如果你的媳婦如此對你，你將作如何想？妳樂意為她撫養孩子嗎？在金錢既無著，還有付出心力上的勞苦，「弄孫」將難形成「含頤」，而注定要變成「苦刑」了。

多陪伴母親

　　世界上有許多幸福的家庭，但也有不幸的家庭，而遭遇不幸首當其衝的常是「母親」。

　　男人是不會寂寞的，離婚了可以與別的女人同居，甚至再而三、三而四地採取隨便同居的方式，也可以很容易「再娶」。即令沒有「同居」和「再娶」的情形，男人隨時隨地都可以找到陪伴的女人，但仳離的妻子就不同了。女人的生活總比男人嚴謹，創造第二春也不容易，兒女應該多陪伴遭遇不幸打擊的「母親」。

　　尤其是年輕女孩，如果你有這樣的母親，你看到她的孤單，感到她的淒涼、寂寞和無依緊綁著她的心靈，當然，無可避免，你和她同遭到不幸陰影的籠罩，不幸的家庭也往往造成兒女心靈的不平衡，但你雖然年輕，終究是長成了，你要設法驅除不幸的陰影，多製造快樂，並且安排時間，多陪伴母親。

　　女兒總是和母親較親的，不論是「寡居」或「仳離」的母親，假如她幸而有女，而且你在她身邊，你就要多陪伴她，和她談些快樂的事，陪她出去走走、玩玩，使她不整天沉在那無可奈何的痛苦裡，使她看到陽光傾灑、花木叢生，田野裡的莊稼作物欣欣向榮，到處充滿活力和生機。是的，你有責任使她知道，她活著並不完全孤單無助、寂寞無依，因為有你，有你這樣似錦年華的女兒，你為她分憂，你與她同挑苦難。

你比她年輕，你有較多的活力、較盛的朝氣，你要儘量幫助她，你的受苦的母親，使她脫離痛苦的折磨，在心理和外表都能找到寧靜和安定。

　　母親只有一個，母親常常是受苦的，而母愛永不會變。看重和幫助你的母親，使她重新快樂起來，使她覺得活著還有意義，是你的責任。

失戀了怎麼辦？

　　擁有愛是人生最大的幸福，愛像陽光，也像雨露，當你感到寒冷時給你溫暖、感到枯乾時給你滋潤。愛在你的生活裡，像綠葉一樣的覆蓋，也像燦爛的花朵散發著美麗的色彩。你寂寞時「愛」陪伴你，你空虛時，愛給你充實之感，但人類擁有的東西，都可能失去。當你失去了愛，像一般所說的，你失戀了，你該怎麼辦呢？

　　這時，我們往往無法用理論上的東西來安慰自己，我們知道愛非生活的全部，愛不能包攬和代表你所擁有的一切，但寂寞籠罩著你、空虛圍繞著你、痛苦啃咬著你，使你覺得人生乏味、萬念俱灰，你可能因此而走上自絕的路。如果你這樣做，你自己所做的，使你為失戀而失去了一切，失去了你自己，也失去這個世界。

　　這是不值得的，也是不應該的。在這世界上並不只有那麼一個人值得你愛，也並不只有那麼一份愛值得妳擁有，你還這麼年輕，你前面還有好長的路要走，你前程似錦，你仍然可以追求很多、擁有很多，甚至包括愛在內。

　　人生所有的一切，都是你可能擁有的。看那藍天白雲，晴朗而空曠的天空如此之大，樹木蒼鬱、田野翠綠、花朵鮮麗，許多人在為「生計」而忙、在為「工作」而忙。世界並不因你的生命的停止而停止、你的軀體的消失而消失，你背負著父母的養育之恩，也背負著社會大眾的「哺養」，對這兩者你都有責任，必須挑起這

個責任，來做「反哺」的準備。

　　是的，你要好好地活下來，先用別的代替那份失去的愛。如果你正在求學，要更努力讀書；如你已進入社會工作，就更努力工作吧。

　　你如此年輕，如朝日升起，「失戀」只是你人生過程中的一個經驗，你還有那麼寬廣的、遼遠的天地。即令是中年甚或老年的人，當婚姻失敗，仍該好好活下來，何況是你？

孝順的女兒

我的女兒來信說：

乘兩個舅舅到美旅遊返台之便，就近匆匆買了綜合維他命，您每天吃一顆，藥效到明年四月，別放著不吃浪費了，您不好好吃東西，維他命可不能再不吃了，那麼方便。另外帶上一百元美金，您說您不缺錢用，但這是我一點心意，您愛吃什麼就買點什麼吧！別太節省了，昨天才聽人說，患痛風的人要少吃豆類和內臟！平日千萬注意，別讓關節再受涼。

為了弟弟「離家」和「休學」，我知道您情緒一直欠佳，其實就當他出國。您要放寬心，不要老是想著他、念著他，自己身體還是最重要的。

您明年是否一定來美？我回去看看，順便接您來，您說呢？這麼久沒回去了，真有點想回去一趟，我可以打工存下一點錢，來往機票，兩三個人，大概都沒有問題。媽：您一定要好好照顧自己，您說有時很難過，就到新公園坐在那池畔看垂楊，臺北除了新公園外，其實還有好多地方可去，您可以到處走走，看看綠地，心情會比較好的。

雖是那麼年輕的孩子，但寫信對我的「叮嚀」，卻好像已完全長大了，使我心懷感動，看了一遍又一遍。

一般的說，女兒對母親，總是比兒子貼心，兒子常常是為媳婦「養」的，女兒即使嫁了人，也還是自己的女兒。我的兩個兒子常使我煩心，但女兒，從來不用我操心，她的學業成績，她的為

人處事，她力求上進、努力不懈，都使我引以為傲。

　　希望所有的年輕女孩，都要懂得善體親心、孝順父母，那麼當有一天你完全長大，組成家庭，你會自然成為孝順的兒媳，而你的兒女也會學習你的榜樣。由於你，使孝順一代延續下來，上一代得到你的愛與關心，那將比任何上好的物質享受都使他們高興。身教永遠重於言教，而當有一天，你的兒女長大成人，你也將會得到孝順的回報。

不要勢利！

　　勢利是人性中最醜污的劣點，受勢利惡待的人，往往是陷於困境中的人，既無錢無勢，又失恃、失依，勢利湧襲而來，往往使之感到更多的困境。

　　年輕的女孩必須學習不要勢利，培養自己有寬闊的胸懷，對無錢無勢，陷於逆境困厄中的人給予關懷。如果你有這力量，甚至應該給予援手。在這世界上，錦上添花的人很多，雪中送炭的人太少了。我本身就有這方面的經驗，對現實的勢利面，我有深刻的體驗。我常對我的孩子說：「在這世界上，最靠得住的是自己，自己的能力、才幹，自己的努力、作為；自己在逆境中能站得穩，在不幸的挫折和打擊裡仍然挺立無恙！」我告訴他們：「有生以來，我不知度過多少艱難困苦的日子，但還是那麼傲然自尊地挨過來了。有生以來，我也不曾向人借過一分錢，即使有朋友送上門來，我也一概拒絕。環境好的親友，如不願跟我往來，我永遠不會挨上他的門邊；環境不如我的親友，我反而會自動去接近他們。物質上幫不了忙，至少在精神上，我可以儘可能給他們關懷和鼓勵。」

　　「勢利」總使人產生低下的言行，對「勢」「利」崇拜、依附，常形成猥瑣惡劣的言談和行為，對具有財勢者俯首貼耳、搖尾乞「利」，像被豢養的忠犬，善於「觀風」、精於「使舵」，只為求得本身的利益，而對無財無勢者拒之於千里之外。

勢利的人永遠缺乏正常的理性，他對人對事，總以勢利為出發點，也為其依循的方向，善於運用「勢利」以使自己「獲益」。但對不具財勢、陷於困境中的人，則以打落水狗的方式，橫施冷落的惡待。

　　我受過許多這樣的冷漠和惡待，但不管勢利多麼殘忍，它只能促使我在生命途程中，不斷求進，使我更奮發努力，為了自己，也為別人創建下有益、有用的「痕跡」，嘔心瀝血地點點滴滴寫下的「字跡」，它常常是「生命」響徹雲霄的音符。

　　年輕女孩不但要學習不要勢利，如你像我們家一樣，被勢利者摒棄，也要能像我們一樣，毫不在乎，照樣力爭向上、勇往直前。

驅除寂寞

常常的，我們會感到寂寞，即使年輕女孩也不例外。

在我個人來說，過去那漫長的歲月裡，我從未感到過寂寞，因為我太忙了，既要上班教書，又要做所有的家事，包括煮飯、洗衣、收拾整理、帶孩子等等，星期天則教了好幾班兒童作文，另外還要寫點稿子。那時我一週中總得寫二、三萬字，工作越多，越是勤奮，收穫也越多。那時，我當然也有落寞難過的時候，那大都在夜深人靜之際，因為我先生喜歡「夜遊」，經常「遲歸」或「不歸」。在這時候，我總是坐臥不安、痛苦徘徊，唯一的辦法就是拿起筆寫，筆尖在稿紙上爬動，原來那被數著的一分一秒丟開了，所有的痛苦不安也忘掉了！

從我提早退休以後，家碎裂了，女兒出國深造，小兒子因和哥哥發生衝突離家他居，大兒子則因學業和工作而早出晚歸，家裡總是我一個人。為逃避寂寞，我經常找些臨時性的工作做，一方面有點收入，另一方面可以吸取些生活經驗，以充實寫作題材。而當有時我獨個兒在家，那空洞的屋子，靜悄悄的氣氛，寂寞重重層層地圍襲來，常使我在屋裡來回地走，思前想後，新愁舊恨，揮之不去。這時我唯一的辦法是拿起筆來，筆尖在稿子上蹓躂，寂寞溜走了，時間變得很充實，我與文中的人物共同感受喜怒哀樂，一分一秒都抓緊在我手裡，也都變得那麼可貴。我再也不會想到沒有可

與之談話的人，不再體受到屋中的寂寥，不再感覺到我被孤單包圍，我也沒有任何愁苦了。筆和紙是我唯一也是可以完全掌握的，掌握它甚至可以留下永恆價值的痕跡。

這就是我驅除寂寞的方法。人越忙，工作會做得越多，越能建造有意義的成績，寂寞隨之而颺。不止在寫作上如此，在別的方面也是一樣。當你寂寞時、痛苦時，找些有益、有用的事做，讀書可以充實自己，工作可以增展自己，增長經驗、能力和才幹等。如果你從現在就開始學習如何驅除寂寞，而不是在寂寞中浪費時間，你這一生將會有無窮的收益。

惡夢

　　我的女兒寫信給她哥哥，信上有一段說：

　　剛看了《油麻菜籽》，想你也熟悉此片，還記得片中先生追著太太要錢以及對太太拳打腳踢那兩幕嗎？我看了如坐針氈，淚眼矇矓，後來不得不步出片場，鎮靜下來以後才又回座。到美國之後，白天忙於功課，後來兼職助教，又兼忙於「教學」，很少想到過往的「家事」，但夜晚偏偏常做惡夢，夢裡不外是爸媽惡言相向，兵戎相見，後來竟然無中生有，爸爸追打我，讓我無地容身。相信嗎？有一回是你對我大聲吼叫，正當你一拳舉起，我驚醒了。只要是從夢中哭醒，就很難再成眠，印象最深刻的一次惡夢，是有人在門外大吼，把門踢得直響，我先拴上安全鎖鏈，再把門打開，從門縫一看，原來是爸爸，對我怒目而視。醒來之後，我用被子緊裹著自己，兩個鐘頭不敢下床，後來只盼有一個人和我說說話，告訴我「沒事」。

　　不記得多少年以前，你曾鄭重地對我說，你和韻結婚以後，若是你不知不覺中學了爸的樣要我千萬提醒你，我想你不會的，絕不會對韻像爸對媽一樣。

　　我的三個孩子都是從家庭不幸的悲劇陰影中成長的，雖然這個悲劇「落幕」已五年多，但父母離異對他們的心理等等仍有影響，我的小兒子目前已離家出走一年多，不知其去向。女兒在美深造則如她自己所說，常做「惡夢」，似乎不幸仍纏繞在他們身上，就像仍纏繞在我身上一樣。

125

婚姻的不幸悲劇，都是因為婚前缺乏澈底深入的了解而造成的。當時我有「以貌取人」的錯誤，嫁了個十分英俊漂亮的丈夫，個個女人喜歡他，於是外遇不斷，自己的收入不但不拿回家做為家用，當用完了還得向我要錢。女兒提及的油麻菜籽中的那兩幕，在我們家經常發生，我所經歷的是漫長而痛苦的「惡夢」，我常以此告誡年輕的女孩，選擇丈夫千萬不要「以貌取人」，外表過得去就行了。選個漂亮的而卻不具真正美好內在實質的人，無異為自己一生種下悲劇性的禍害。女人再能幹，她一生的幸福與否，還是繫在丈夫身上，嫁個好丈夫，等於有了「幸福」的保證，反之，不但貽害自己，也遭禍孩子，慎選對象是年輕女孩在步入結婚禮堂前最重要的課題。

別以貌取人

　　年輕女孩常為自己編織一個白馬王子的「美貌」。我在年輕時也是如此，總以為嫁個英俊漂亮的丈夫比嫁個面貌平庸的丈夫好多了，於是我摒棄了所有對我那麼好，其中還有十分興趣相投的朋友而「以貌取人」。但我喜歡的美貌男人，雖然我和他已結為夫妻，卻阻止不了別的女人喜歡他。二十五年的婚姻生活中，他外遇不斷，既不負責家庭生計，還對我百般虐待。在外遇方面，則丟了這個，又有那個，有時同時有好幾個，黃花閨女、風塵女郎、有夫之婦，無所不包，而一面卻又不願與我離婚，因為我有夠多的「利用價值」，既能為他養育兒女，負擔全部的家計，甚至在他的工作上，也能給予重要的不可或缺的協助，再多再大的苦難，我似乎都能獨個兒挑負。在他病中，我自己照常上班工作之外，還為他兼代兩個報社的記者工作，一天往返三次醫院，為他送飯送菜。伺候他之外，還要帶兩個幼小的孩子。那時，我外出時，都是把孩子鎖在家裡，牽腸掛肚，種種憂心的痛苦，常使我臉上瀰漫了淚水。但不管我怎樣掙扎和奮鬥，我苦心經營的家，最後還是免不了破裂。

　　這就是「以貌取人」的結果，由我個人的經驗，我發現長得漂亮的男人，絕不會是一個好丈夫。即使你在外貌上可以與他「匹配」，還是有很多別的女人會奪走他。雖也不能一概而論，但這或然率太大了！

選擇對象，學養、品格、能力，應列為首要考慮。如果有良好的學養、無疵的品格、高強的能力，即令外貌不揚，只要你不認為「討厭」就行了，絕對不要選擇太漂亮的男人，那樣無異自討苦吃。

慎重選擇

　　我認識好幾個未婚女性，有的三十幾歲，有的將近四十歲，甚至有五十歲的，卻都還在未婚階段。

　　這些未婚女性，並不全是抱獨身主義的。造成她們迄今未婚的原因很多，有的年輕時眼光太高，這個不中意，那個也看不上眼，於是拖延再拖延，拖得時機失去了，結婚就更難了。有的則因家計重擔都挑在她身上，既要做「孝女」，就顧不了自己的終身大事了。有的則是沒有機會，諸如工作的環境偏僻，沒有適當的男性可以交往。當然還有許多別的原因，造成迄今未嫁的事實。

　　女性不同於男性，未婚的男性可以亂來，甚至從風月場中找到安慰。但未婚的女性，往往只固守於自己的小圈子，也往往生活越過越孤單，越來越寂寞。雖然婚姻不一定會帶來幸福，不幸婚姻所造成的分裂悲劇，使許多離婚的女性身心俱毀，掉在另一個泥淖裡爬不起來，但這世界上也有不少幸福的婚姻。

　　我親身遭遇離婚的悲劇，但我也親眼看到不少朋友的幸福、美滿的家庭。這使我感到，不必懼怕婚姻，但一定要慎重選擇。我經常告誡我的女兒，選擇對象不要「以貌取人」。選擇對象要選擇他的學養和品格，選擇對象不要重視那浮面的財富，但一定要有高強的能力。我的女兒是個用功的孩子，二十多歲的年齡，在學術領域中已有很好的成就，她擁有美國長春藤大學兩個「碩士」的頭銜，

現在「博士」資格考試通過了，只剩下寫論文和八個教授的口試。她專心於學業，卻忽略了「交友」，父母不幸的婚姻，使她起了嚴重的戒心，我為此寫過不知多少信給她，要她除「讀書」之外，要「交朋友」，因為並非天下烏鴉一般黑。只要慎重選擇，就不會蹈不幸婚姻的覆轍。

　　我也要奉勸所有的年輕女孩，應把選擇對象列為生活中重要的一環，不要耽誤青春、忽視婚姻。

愛要專貞

　　年輕女孩面對自己的錦繡年華，一方面應努力求進，使自己在學養品格上不斷有良好的表現，另一方面，應多交朋友，才能從很多朋友中選擇適合自己的對象。

　　當你一旦決定了你的對象是誰，而對方也認定了你，你就要像培養你種植的花木一樣，全心全意地除草、除蟲、灌溉、施肥。愛永遠需要專貞，專貞就像沃土，它會使愛吸收到更多的營養、水分，會幫助它向陽成長、蓬勃茂盛。

　　「選擇對象」跟交朋友不一樣，「朋友」只限於友誼的範疇，「對象」卻是你未來付託終身的伴侶。但你必須認清：包括你自己在內，人不可能都是完美的，人有優點，也有缺點。只要優點多於缺點，而缺點能夠改正，你們彼此都有義務給予對方幫助和鼓勵。

　　彼此付出的愛，一方面是「獲得」，另一方面是「付出」，付出你能給予的關心、你能獻出的協助、你的愛心和扶掖。愛的交往，也有許多禁忌，不要三心兩意、不要囂張任性、不要專挑對方的缺點，因為只要缺點可以彌補，而你自己也不一定完美，所有的完美都是在不斷改進和調整中才能得到。

　　愛雖非生命的全部，但卻是重要的一部分。不管是年輕的、中年的甚至老年的男男女女，都需要「伴侶」，一個人在人生道上

踽踽獨行、孤軍奮鬥,那寂寞、孤單往往使人難以忍受。一份赤誠的愛、無微不至的關心、隨時伸出的援手,就像冬天裡的爐火,替你驅除寒冷,而使溫暖罩臨了你。

　　你需要這樣的愛,你也該付出同樣多的愛,專貞而摯誠的,使對方在你專貞的愛的滋潤下趨向成熟、完美,而你們之間的愛會成長、茁壯,永不動搖或凋謝。

勇敢地去愛

在愛情上面，一般說來，女性總是處於被動，尤其是年輕的女孩，當碰到感情的事兒，總是十分矜持。當然，有時矜持是必要的，但如果完全顯得「冷若冰霜」，就足以把人嚇退了。

「年輕」本身就是一種「資產」，它使你擁有很多，擁有似錦年華，前面擁有邈遠漫長的歲月。那歲月所包含的「內容」可以完全由你自己去開墾建造，你必須努力充實自己的學識、建造自己的品格，使之趨於充盈、優美與良好。你也應該多交朋友，不管是同性或異性，都要謹慎地交。「益友」和「損友」，會對你形成兩種完全不同的影響，選擇學養品格高水準，且具深度的朋友，對你會有正面的良好影響，反之，會給你帶來負面的不良影響。而當你從許多異性朋友中認定了一個，一個你可以託付感情，你能夠愛的，這時你該怎樣做呢？

感情的引線往往都是相互傾向的。如果你對他有意，可能他也對你有情，你們彼此會自然走向對方。那麼不但不要隱瞞你對他的愛意，應該坦朗而明白地告訴他，你也愛他。是的，把你心裡的愛意說出來，要勇於面對、要真純而誠摯、要把矜持的殼撥開扔掉，這樣你們會更容易走近、更能互相互了解。

任何一個女性，即使她本身再能幹，如果選擇不到一個「良伴」，而貿然結婚，她這一生的幸福便不能獲得保證。當你們

相愛的時光，也是一段考驗的時期，你要走進他的內心，認清他的真貌，能澈底而全然地了解他。當你澈底了解了他，他雖有疵點，卻能撤除；雖有錯誤，卻能改正。人不可能都是完美的，真正的「完美」，就是知錯必改，並且不斷地提升自己。要注意，性靈的優美、才幹的高強、能力的充盈都勝於家財萬貫。

當你認清了一個人，當你認為他可以託付終身，他是值得你愛的，你就要勇敢地去愛。

不說是非

　　一般的說，女人常喜愛多嘴多舌。有些家庭主婦，因為沒有出外工作，整日待在家裡，生活圈子小，閒來無事，不是鑽牛角尖找鄰居的碴，就是東家常、西家短，不斷搬弄人家的是非，弄得四鄰不安、怨聲迭起，甚至因此給自己招來禍害。

　　別人的是非究竟有什麼可說的呢？別人的是非與我們有什麼關係？學習關心別人、了解別人、同情別人、幫助別人是對的。人活著也只有如此，才活得有價值和有意義。人都是愛自己的，也一直重視自己的需要，把這一愛自己的心分點給別人，把自己的需要和廣大群眾的需要結合在一起，無形中會使你有較為廣闊的生活目標，會使你的品格提升、性靈優美。

　　蜚短流長，道說別人的是非，使別人受到傷害，也傷害了你自己，這應該是最划不來的事。但任何習慣都從年輕時養成的，年輕女孩應在這方面多注意，盡一切可能把時間、心力放在有用有益的事上，儘量充實和調整自己。即令對自己，也要多有行動，而不要用語言。學習閉住自己的嘴，不要說多餘的話、不該說的話。

　　人要學習與別人快樂地相處，要使別人喜歡自己，不揭人陰私，不東家長、西家短地道說是非，多關心和傾聽別人，進而給予別人需要的幫助，應該是最重要的。

　　年輕時候，也永遠是學習的時期，學習了解這人世間的一

切，學習建造自己、明辨是非、認識真理；說該說的話，不說不該說的事；做該做的事，不做不該做的事。我的女兒也從美國寫信來說：「從前我對人總是淡淡的，因為我不滿意自己，不能接納自己。我告訴自己要努力，站得挺直以後，再學與人相交，再去愛人，但現在我已領悟到，學習愛人、愛己原可並行不悖。」

　　人活著，脫離不了人際關係，正確的做法是：「你要學習愛己，同時也要學習愛人。」而不道說別人是非，是愛人的要點之一，正如你自己不願被別人道長論短一樣。

不要迷信

　　現在有很多人信教，信教成了時尚，信教也使不少人陷入「迷信」。佛教對中國人來說，是較為古老的教，基督教和天主教是由外國傳進來的較為「現代」的教。雖然較為現代，但英國的王爾德說：「宗教被證明為『真實』之時，它就絕命。科學就是宗教的死亡的紀錄。」美國的愛迪生則說：「宗教都是胡扯。」英國的來爾說：「宗教在道德上用處無窮，卻無法在智識上站得住腳。」而托爾斯泰說：「真正的宗教是指：『人類把他們的生活與環繞於四周的無限生命相結合，以此建立由她來指導自己生活的那種關係而言。』」

　　由這些有高成就的偉人對宗教的詮釋，使我們知道即使「宗教」，也是由人為的想像、人為的力量創造出來的。人太聰敏了，除了創造現實世界的一切，又創造了神靈的世界。

　　國父在小時候跑到寺廟裡，折斷泥塑木雕的神像的手臂，他透過行動證明：神佛連自身都不能保，又焉能保佑得了人？在那時，國父這一行為，被視為「大逆不道」，現在恐怕也進步不了多少吧！我個人認為：「善良行為的本身就是最好的宗教」，因此我沒有任何宗教信仰，但我不反對別人信教，我反對的是迷信。

　　現在許多信仰宗教的人，包括年輕女孩在內，往往陷入「迷信」，甚至有人認為，這整個世界都是「上帝」或「天主」造

成的；甚至還有人認為，生了病，可以不看醫師，不必藉靠藥物的力量，祈禱可以「治病」，就像古老的年代，那些愚昧的人認為，吃「香灰」可以治病一樣。遇事祈禱，認為祈禱可以幫助解決問題、可以化解凶險、可以化危難於無形，但這真是可能嗎？

　　能用理性分析和衡量事情的人，他們會按事情指明：寺廟和教堂是人造的、菩薩是人的手塑成的、上帝或天主的像是人畫的、佛經、聖經是人寫的，也是人一本本印出來的、十字架是人釘的、寺廟和教堂所有的財產是人「捐獻」的。沒有人為的手和力量，也就沒有這神靈世界的一切。迷信虛無縹緲的「神佛」，等於把自己放入幻境裡。

　　希望所有的人、所有的年輕女孩都能認清事實，不要迷信。

知足常樂

　　有人說：「禍患沒有更大於不知足的。」不知足使人永遠不能安於現有的「物質生活」和一切，有了這個，又要那個。慾望達到了，新的慾望卻又產生。不知足往往像癌細胞一樣擴散，破壞正常細胞。由不知足所造成的自私、貪婪，自古而今，由此所伸出的損害別人、圖利自己的「毒手」，不知形成多少公帑的損失，以及造成多少人的冤屈和不幸。

　　我有個朋友，當她沒有房子時，她只希望有幢屬於自家的房子，哪怕是小小的。當她有了房子，她就常常和我提起，這房子太小啦：「連個像樣的廚房都沒有，還得在院子裡用竹子蓋間廚房。」她說：「變成竹屋廚房。」

　　那時我還年輕，根本還沒有自己的房子，都是租屋居住。由於付不起高租金，租來的也都是最糟糕的屋子，屋裡連個水龍頭都沒有，得到老遠的地方去提水，因此我說：「這樣已經很好啦！如果我是你，會很滿足。」

　　眼看她不久就換了大房子，搬進嶄新的大房子，還大事鋪張，請了十幾桌客。屋裡有好闊綽的家具和擺飾，不久又買了私人轎車。可是她還不滿足，還老嘀咕著，要將平房換成市中心的樓房：「這樣住得舒服，上街買東西也方便。」我不知她家怎會「富」得這麼快？市中心的高樓終於買下了，但高樓買了一個短時候，她先

生貪污罪發，被抓進牢裡。

　　她的事實使我憬悟到，一個永不知足的妻子會促使丈夫不走正路，專門走歪路搞錢。錢從罪惡處來，會來得特別地快，但結果呢？就像飲毒酒止渴，有一天終會毒發身亡。

　　在學養領域中，在品格的鑄造上，在善良、正直、良好習性的養成，性靈的提升等等上面，我們應該永不「知足」！因為人活著，就總是一天天向前走，而絕不停歇，但對「身外之物」，那生不帶來、死不帶去的應盡量看淡，保持「知足常樂」的心態。唯有如此，才不致成為自私貪婪，為求取私利，損害公眾和別人。尤其年輕女孩，在這上面，要有澈底的了悟，然後你才不致被濁流淹沒，而像我所說的那個永不滿足的妻子一樣，為丈夫、為家庭，也為她自己招來可怕的禍害。

要有公道的心

　　最近碰到幾件事，使我深深覺得，一些女人肚量窄小，閒來沒事，亂編謊言、惹事生非。最惹人令人生氣的是強詞奪理，做事只講私利，而沒有顆「公道」的心。

　　當然不是所有的女人都是這樣，否則，這世界將會變得更不「太平」。

　　作為一個人，不管是男人、女人，保有一顆「公道」的心是最重要的，不管是對自己或別人。所謂「公道」，就像秤量一樣，該多少就多少。

　　所以「公道」，應有是非之辨、黑白之分。拿公寓房子的公用電來說，所謂公用電，即是一個公寓內大家公用的電，抽水馬達將水抽到五樓平台的水塔內，然後各層樓的水龍頭才有水使用。我住的公寓房子內，公用電只此一用途，因為樓下有個「路燈」，樓梯間晚上用以照明的路燈也就因此棄之不用了。各戶的對講機當然也是消耗電源之一，但我家兩層樓的對講機，是合用同一條電線，兩處同時講話時聲音轉小。暑假其中，唯一和我同住的兒子也回嘉義老家了，只我一人在此。六戶人家，只我一家人口最少，其他五戶的成員都在五六口人之多，甚至有超過此數者。但一共二百二十六元的公電費，負責收費的那家卻一定要我負擔兩份，每份三十三元，我付了六十六元。雖非大數目，但此中卻缺乏「公道」，而我

141

不擅與人爭執，錢是付了，心裡卻為此大不舒服。

記得前年我回嘉義一個時候，我這邊間屋頂平台被人吊建材曾吊得面目全非，我客客氣氣地請人家修，不但未修，反而狠狠罵了我一頓。叫人估價的結果，全部修整好要六七萬元，不修吧，下雨時屋頂到處都是濕的。迫不得已，我只好按省府的新頒規定蓋上房子。只要屋簷不超過二點五公尺，不用鋼筋水泥的材料，一至四樓屋頂平台都可以蓋滿，既可藉此修好裂縫滿布的平臺，也可藉以堵絕再被建材遭遇破壞的「後患」。我這一邊的鄰居都沒表示什麼意見，但把我家房頂平台吊壞的那家姐夫、姐姐，我們原是處得很好的門對門的緊鄰，卻因此找了我很多麻煩，直到現在為我製造的麻煩都還未停止，公電費的多交一份及「輪收」是其中之一。她妹妹那邊，新加蓋的五樓住了那麼多人，以及巷子裡別家加蓋的五樓，迄今都沒分擔過公電費，但她說，她妹妹的房子一造好就付了。現在這「瞎話」不敢說了，但由她倡議立下的「規矩」已屹立不動。

最莫名其妙的是屋簷邊露在外面防熱的舒耐毯，其中一半被人撕了，最近由水槽垂下來的排水管也被人弄裂了。屋簷那麼高，這絕不是小孩可以爬上去撕的；排水管那麼硬，也絕不是小孩可以弄裂的。這屬於毀損罪的行為，被捉到移請法辦時，可以判五年以下有期徒刑。我很難理解，在我從開始就默默承受一切，而從無「反應」的情形下，究竟有什麼深仇大恨，還要做出這種破壞性的事來？當然我不敢斷定這種破壞性的事是誰做的，但有關下面的排水管，我已請鄰居替我注意，別的方面我自己也開始注意。一旦再有破壞性的行為被抓到時，我絕不會再逆來順受了！

女人的狹隘自私、無理和欠缺公道，在我所遭遇的這些事上都表露無遺。鄰居本應相親相愛、相扶相依，卻因整天閒在家裡，非得想方設法整別人才「窩心」。尤其可怕的是搬弄是非，不斷挑

唆，自己是槍膛，把別人當「子彈」向人射發。

　　年輕女孩應多加「檢點」「注意」，千萬別讓自己淪入此類女人的「境遇」！讓自己是非清楚、黑白分明，永遠保有一顆公道的心，是為人處事的起碼條件。而我一直想忘掉所有的麻煩，希望只記得人家曾經對我的「好」，我也相信別人「好」的一面終有恢復的一天。

珍惜青春

「不說別的，光是擁有未來，青年們就夠幸福的了。」這是果歌里所說的話。

年輕的女孩，像所有年輕人一樣，也擁有遼遠悠長的未來、豐潤的臉頰、殷紅的嘴唇、光滑細嫩的皮膚，像初開放的蓓蕾，充滿絢爛和亮麗。但外表的青春並非一切，除非你有昂揚的意志，你的生命裡揉滿美麗的彩色和理想的夢幻，除非你已開始「做」，為培養習慣、希望及信仰邁出努力的步子，也除非，你滿身都是精力，你從不畏縮，而勇往直前。否則，青春很快就會消逝，光輝燦爛的年華會變得衰落萎頹。時光不會停留，青春是留不住的。不管你如何會保養，你塗抹多少脂粉，你為外表所做的一切努力，都掩飾不了時光在你身上所留下的痕跡。因此你必須在你還年輕時，盡力為內在的年輕奠下基礎，並使之永不褪色。

珍惜青春，如席德布朗所說：因為「青春是生命之晨，是日之黎明。」一切還都剛剛開始，你也許有錯，但可以改正，並來得及「重做」。你也許曾經浪費時間，但你可以盡量彌補過去你所浪費的，增加你現在的工作負擔，用雙倍或多倍的負擔填補你所造成的「空白」。青春就是這樣一段時光、一個階程，朝氣蓬勃、充滿活力而可以有大好作為。

年輕女孩要特別珍惜青春，因為女孩總比男孩早熟、易老。

當你還擁有這樣似錦年華的辰光，你的步子不能停留、意志不能懈怠、努力不能停歇，你必須兢兢業業朝著你要走的目標，邁步而前，並發揮你敏銳而具正義感的愛心。

利用時間

　　對任何人來說，生命都是時間作成的，浪費時間，等於浪費生命。對任何人來說，時間一天天來到，也一天天過去，但時間並非「無限」，從幼年到少年，到青年，到中年、老年，人只能活幾十年。年輕的孩子，不管是女孩、男孩，都擁有錦繡年華，在這段年華的階程，成長的生命剛剛開始，有效能地利用時間，是使自己「成長」的主點。

　　但我們很容易讓一天天白白度過，當落日黃昏，我們也常常陷進時間不再，白白浪費了「今天」的悔恨裡，我本身就常有這樣的經驗。能夠不虛度光陰，最好能確定「一天」努力的目標，把該做的事分列出來，譬如對我來說，有些事是不得不做的，買菜、煮飯、洗衣、收拾屋內外，在過去那長長的年月裡，除這而外，我還要到學校上班、上課，星期天，還要教好幾班的「兒童寫作」。但過去，我一星期中起碼要寫二萬五千字至三萬字，因為我確定了這一「目標」，也想拼命搶時間把這一「目標」達成。

　　自從提早退休以後，我的時間完全是屬於我自己的。雖然家務瑣事依然存在，但比起以前來，我既不忙，也不累，卻反而寫得比以前少，少得不成比例。

　　尋根究底，是因為我把「目標」撤除了，我的寄稿登載簿上，沒有以週為單位的登載紀錄，那樣硬性規定必須達成多少「目

標」的紀錄撤銷了，也等於撤銷了我現在該努力的中心和重點。我變得懶懶散散，當「副業」變成「主業」以後，成績反而一落千丈。

因此確定「目標」是十分重要而不可或缺的。想一想，你長程的目標是什麼？短程的目標是什麼？訂定計劃，然後「全力以赴」地達成，不要望著未來的「明天」，只抓住可以利用的「今天」。不管你過去有多少失算和懈怠，只要你檢討過了，已經改正了，就不要再作於事無補的悔恨，因為只是悔恨，而不努力，也等於浪費時間。

年輕女孩最要緊的，是要使自己有不斷充實的學養，有不斷改進的良好的品格，要能養成優良的習慣，要沒有任何「惡習」，諸如喝酒、打牌、抽煙，那都是毛病，而且像無底的「黑洞」一樣，會使你越陷越深，而這些都需「時間」去努力學習和避免。

女性永遠是家庭的「導力」。有一天當你成為主婦，你利用時間造成的「優秀」的一面會影響你的家庭，進而帶領你的家人各自在時間的漩流裡發揮自己所長，對人類社會造成永垂不朽的業績和貢獻。

打牌是毒癌

　　我有個同事素來熱好方城之戰，自從退休以後，她幾乎沒有一天不打牌，從星期一到星期天，沒一天不湊搭子，不賴在牌桌上。

　　每次她給我打電話，都自認她過得極為快樂：「我這把年紀，還能圖個什麼？」她說：「和朋友湊在一起打打牌，順便吃點好吃的，這樣日子也容易打發，哪像你整天窩在家裡！尤其你那個家，就只有孩子，而孩子白天上學。如果我是你，才不這樣虐待自己呢！」

　　「你這樣打牌，冷落了你先生不說，對你自己也不好。」我說：「譬如打牌時，你得一直坐在那兒，無形中像被綁著，缺乏運動的機會。聽說你常打通宵，熬夜和坐通宵，對身體都不會有利的吧？再說打牌大都十打九輸。」

　　「可是我喜歡這個啊，你為什麼不說說打牌的好處，可以交朋友，可以散散心，可以使自己時間、精神有寄託。」

　　「老天爺！」我喊：「難道你不能做點別的事嗎？譬如找點什麼『義工』的工作，也可以交朋友。和你先生到哪兒去玩玩，也可以散心。自己在家裡看看書，甚至做點兒『副業』，不也能為時間、精神找到寄託？」

　　「我才不要像你這樣苦巴巴的！」她說：「再說你比我年

輕，我六十多的人，還圖個什麼呢？」

　　「不管我多少歲，活著一天就得做點有意義的事。」我說：「你這樣日日夜夜地打牌，對你自己和對別人，都是個極為嚴重的『負數』。」

　　當然，我說服也改變不了她，我也知道，不僅像她這樣年齡的人熱衷於打牌，有不少年輕人，年輕的女孩、男孩也熱衷於打牌，打牌像毒癌一樣擴散著、瀰漫著。

　　年輕的女孩，如果你有打牌的惡習，要儘量努力除掉它。如果你幸而還沒染上這一惡習，要儘量避免染上它。在你未來的日子裡，你將逐步成長，由女孩成為妻子，由妻子成為母親，你也必須成為全家的「榜樣」，並排除任何惡習的污染，高而不屈、挺而不墜、潔而不污、懷抱理想、看準目標、努力而不懈怠，然後你和你未來的親人才能一步步向前。

利用青春

羅馬辛尼加說：「青春並不是生命中一段時光，它是心靈上一種狀況，它跟豐潤的面頰、殷紅的嘴唇、柔滑的膝蓋無關。它是一種沉靜的意志、想像的能力、感情的活力，它更是生命之泉的新血輪。」

利用青春，不是利用青春的「美貌」，而是利用它充沛的活力、強勁的衝勁，利用它炙熱的勇氣，像春天的河水那樣豐富的想像和創造力，為漫長的未來散布快樂的種子，作勤謹努力的耕種。

利用青春，不是在你臉上塗抹紅白相間的彩色，不是穿時髦豪華的時裝，不是將化妝和穿戴作為「據點」，攫取感情上的優越勝利。所有的女孩也必須和男孩一樣，雖然我們不否認外表也有一種力量，但外表不是一切。光是「妝點」和炫耀青春的美麗，將使你成為一個徒有其表，容易萎謝的「空壳」！青春易逝，一旦失去了，你將一無所有、一無所依，因此你必須把青春當「春天」利用，像農夫一樣耕耘和播種，你必須墾鬆僵硬的土地，撒下種子，灌溉、施肥、除蟲、除草，使青春苗長在土地上，迎著陽光、雨露，盤節生根，長成高大蓬勃、蓊鬱蒼翠，結成纍纍果實。而所有在青春期付出勤勞結成的果實，不僅使你自己享用一生，也能使別人同蒙其益。

當你還年輕，你或許會以為青春永無止境，不妨「浪費」

和「拖延」，因為在浪費中你可以「揮霍」，在拖延中你可以享受懶散逸樂的滋味。但當揮霍和逸樂包圍著你，也一點點剝去你生命中的「精華」，當你驀然回首，你會悵然發現，日光逝去，「黃昏」已經來到，一個「空殼」迎著暮色沈沈。

　　人的悲劇性「遭遇」，大都是在青春時造成的。認識的模糊、視覺的不清，造成選擇的不當。不管是事業或婚姻，生活的步伐或人生的目標，你在青春期選錯了、走錯了，這「錯」將由你自己吞食其「惡果」。

　　利用青春，首先要調正步子，作嚴謹而不懈的努力、建立內在的充實和光耀，使學養、品格、才幹和能力都能隨著你年歲的成長而成長，然後還要不斷地修正和提升。尤其是女孩，要成為一個堅強穩實的「個體」，在仍以男人為中心的社會裡，在能力、才幹上能與他們並駕齊驅、獨立獨行，你必須在青春期作紮實的努力。

學習感激

　　我的小兒子對我說：「媽媽，這些日子我常在想，一個人得犯多少錯誤之後，才能學會感激。」庫克則說：「孩子們永不知道父母怎樣愛他們，除非等到他們的父母已離人世，或者本身也有兒女的時候。」

　　在我本身，我為兒女所做的一切，我愛他們，撫養和教育他們，盡一切所能給予他們，我並不希望他們的「回饋」，但我希望他們不要走錯路子，不要荒廢學業、浪費時間，他們的智慧和能力都應該尋求和得到最好的發展。我希望他們有優秀的學養、有良好的品格、有傑出的才幹，能對國家社會以至於世界人類作積極良好的貢獻。至於將來他們對我如何，從不在我考慮範圍之內。

　　但這是就我做母親的立場而言，在兒女的立場，如我的小兒子所說，他至少應學會感激，他感激父母的愛護，以及別的許許多多的人、事、物。不論是男孩或女孩，該感激的都太多了，父母給我們一個安定的生長環境，父母的愛心像源源不斷的流泉，父母為我們竭盡心力，有病痛替我們醫治、有憂愁為我們分擔、有痛苦給我們撫慰。由父母的愛作為「出發點」，我們又接納了許多人有形無形中提供給我們的：衣食住行的滿足，精神和性靈的提升和享受，我們能夠得到生活中不可或缺的一切，不光是有錢就能買到，而還有許許多多人為人類生活不虞匱乏的「需要」作著多種多樣的

努力，教師教書、農人種田、工人做工、醫師治病，從事各種各樣工作的人，都在為我們的需要服著「勞役」。每寄出一封信，我總想到那兩塊錢「郵票」本身並不能飛，收信、送信的郵差在為我們奔波投遞著信件。人只要活著，就不免背負著很多人的「恩情」，而這些恩情，一樣樣值得感激，並且應該透過自己能做的努力，給予回報。

年輕的女孩，更應學會感激，因為你將來一定會成為妻子和母親，懂得感激的「質素」存在你心裡、腦裡，會導引你的處事待人合情合理，且會影響你的家人，對人也滿懷愛心的感激。但別忘了，在感激中也要是非清楚、愛憎分明。

能夠努力真好

　　早上三點鐘起來，寫到六點，已完成五千多字。孩子起來了，我一面去燒開水，一面對他說：「能夠努力真好。」

　　他跑到我的臥室，翻閱我寫的東西，問我：「媽，都是早上寫的嗎？」我「嗯」了一聲。

　　「媽，明天我也要像你這麼早起來！你有這麼多的成績，而我都在『睡覺』。」

　　「那你得早點兒睡。」我說：「昨晚我七點多就睡啦，才能起這麼早。早上做事，是比較快，也比較好。」

　　「媽，能像你這樣努力真好。」他說。

　　可是事實上，我也有不努力的時候。經常的，一天東摸摸、西摸摸，就那樣過去了。如果起來得晚一點，吃過早飯後到菜場買菜，菜買回來後看看報；接著燒頓午飯，中午看看電視，回到床上躺一會。傍晚四點半到附近書店去看晚報，回來後把公寓底下的院子裡裡外外掃乾淨，再回到四樓做晚飯，大好的一天就「報銷」了。一個字沒寫，一點有意義的事都沒做，是常有的事。每當我「一事無成」，我心裡就會湧起錐心刺痛的悔恨。我總會想起以前，把一天當兩天用的情形，既要上班、上課，又要買菜、煮飯、洗衣、帶孩子、整理屋子、教兒童寫作班、改作文本以及自己寫稿。一鐵櫃的「剪報」以及已出版的將近二十本書就是那時點點滴滴交出來的。

四十九歲時，我因女兒深造需錢而「提早退休」，從七十年七月一日到現在已將近五年了。但退休以後，我反而沒以前寫得多，寫作的產量「速減」，減少得使我在內心不斷感到難過和悔恨，我常對自己說：「不要抱怨稿子沒有出路，而是自己不夠努力。」

嚴格地說，家裡「誘惑」也太多，電視、冰箱裡的食物、書架上的書，一疲倦，就躺向那舒服的床舖等等，這些都造成時間的浪費。以前，我常在假日到學校辦公室寫稿，平常一有「空課」就利用保健室的白木桌子埋頭苦寫。每天傍晚，我總是比同事晚回去，從四點半寫到六、七點，當然這是孩子大了以後才這樣。而當時間可以完全屬於我以後，竟有這樣懶散而不知努力的狀況出現！

「能夠努力真好」，但要真正持恆地做到這樣，就必須抓住一分一秒，必須不斷提醒自己，不再東摸西摸、東依西靠。每天每天地，都要為自己定下一個「目標」，不達到這個目標絕不停歇。

個人的愛好不同、擅長不同，所從事的工作也不同，但「努力以赴」的原則卻應該是相同的。尤其年輕女孩，正是成長的時期，基礎的奠定、前途的開拓都緊緊於此。希望你將時間視為生命，排除一絲一毫的浪費，要為正當的學習、正當的工作，做永不停止的努力。

公德和整潔

　　我住的公寓底樓的院子，可以說「掃不勝掃」。每次我裡裡外外掃乾淨了，馬上又髒。紙屑、廣告紙、垃圾沒包好，遺漏的魚刺、骨頭、菜屑，丟棄的日光燈，碎裂在門前。早上垃圾車走了，又有不斷拿下的垃圾。我不知寫過多少張「敬請合作、保持清潔」的紙條貼在門上，卻不發生效力，我只好消極抵抗，不掃了。但看不過去，總又拿起掃把畚箕來掃。每掃一次，那種骯髒的噁心感，當我回到四樓時，總要馬上洗澡，把裡裡外外的衣服換下洗乾淨。事實上，我的鄰居都很不錯，但就是在這上面不加注意。

　　今年春節過後幾天，我到青年公園玩了一次。那樣大規模的公園，那樣美麗的景色，卻披了十分骯髒的外衣，到處是紙屑、塑膠袋、空罐頭。遊客的不自檢束，只為自己方便，破壞公共場所整潔的劣根性暴露無遺。我繞了一圈，找不到一片乾淨地。缺乏公德、自私自利，才造成可怕、髒亂的景觀。空氣、水源的嚴重污染，生態環境的被恣意破壞！這都是一些自私自利的人造成的。我心裡重重的、沈沈的，不斷為這難過、嘆息！

　　我本身有愛整潔的習慣，怎麼忙，也要把家裡弄得乾乾淨淨！在外面，我不隨地吐痰，也絕不亂丟紙屑。對有此類惡習的人，不管他別的方面有多好，在我心裡的「價值」也因此而大打折扣。我的孩子也像我一樣，他們都有良好的公德心，走到哪兒都不會有

一點破壞公共環境的不當行為。尤其是我的小兒子，他不但自己不丟紙屑，看到別人丟紙屑，還會隨手撿起來。比起來，我還沒他這麼好，我怕骯髒，除非是用掃把掃，否則，我絕不撿起人家隨手丟下的紙屑。尤其現在，很多病，都是由「接觸」而傳染的，「你丟我撿」，完全忽略了病毒傳染的可能。我以此訓戒我的小兒子，不要再撿別人丟下的紙屑，除非你能馬上用消毒肥皂洗手。

　　公德心的培養、整潔習慣的養成，都必須從幼小時開始，而母親永遠是孩子最現成的榜樣。因此年輕女孩應特別注意，養成自己這方面良好的習慣，使你自己具有影響力，影響你的家人和未來的兒女，以至於你周遭的人，使公德重整，使自己家裡而至於公共場所都能整潔畢現。

驅除惡習

　　所有的「惡習」都像傳染病菌一樣，從苗生到長高、長大，總會自然形成「擴散」的局面，擴散面越廣，受害的人越多，造成的影響也越惡劣。

　　我本身沒有任何惡習，我不打牌、不抽煙、不喝酒，甚至不玩樂。我從不串門子，也很少到親友家走動。除非有必要的人情要送，才偶然去一趟親友家裡。在我家，沒有牌、沒有煙、沒有咖啡，也沒有「茶」，我們全家都過著清教徒般的生活。我家人口簡單，只有我和孩子。我們生活裡，除了日常的衣食住行，只有讀書、寫作和工作。也因此，我的孩子從來不用我督促，他們自知努力，讀書成績都很好，曾有朋友問我：「你是怎樣把孩子教成這樣的？」我說：「我不曾教過他們什麼，但我以身作則，他們只自自然然長成這樣。」

　　過著這樣單純的生活，我們要求不多，也便很容易滿足。在只有很少收入的情形下，也不虞匱乏，從不向別人借錢，沒有債物的負擔，不虧欠別人，也沒有人情的肩負。當然我不否認，有些難以形容的「虧欠感」不斷發生，當我在寫作途程上獲得主編先生的支持和鼓勵，那些默默伸出的友誼的手，總使我心感莫名而覺得難以回報。「寫」和「登」永遠是「相輔相成」的，登得多，也才會寫得多。作者寫得再多，卻沒有刊登的機會，「寫」的效果也便

等於「零」啦！寫作者的情緒也會因此低落而至於停「筆」，因此任何一個作家的長成，都是主編扶持的「結果」。一個公正的主編，就像普照的陽光一樣，給予寫作者「溫暖」和「指引」，至今使我永難置忘。永遠感激的是好些位給我許多的支持、鼓勵的主編先生，是他們協助我維持「寫作生命」於不墜。寫到這裡，使我想到學「文」的女孩都應該學習寫作，家庭主婦如果有相當的知識水準，也可以努力學習寫作，因為你要排除「惡習」的侵入，必須有好的、正當的東西來代替，而「寫作」是唯一能自我掌握的。

　　我曾見過好幾個熱衷於打牌的婦人，招致極為悲慘的下場。有那麼一個婦人，不斷地賭，也不斷欠下賭債。丈夫替她還了一筆賭債，最後羅掘俱窮，在灰心失望之下，自殺身亡。另有一個婦人，接連賭了幾個通宵，那天早上她回家後，和以往一樣，倒頭就睡，睡到晚上還沒動靜，她丈夫去摸摸她，全身僵冷，就此一去不回。還有一個婦人，因打牌沒賭資而做了「慣竊」。我也看到過酗酒的婦人，最後弄得精神分裂；看到抽煙的婦人，把丈夫和孩子也帶領得抽煙，導致全家七口人，有五口生肺癌而死，別人說這是「肺癌之家」。肺癌雖不一定全是由抽煙而生，但抽煙是主要導源之一，這在醫學研究報告上已有「定論」。所有的「惡習」都是害己害人，年輕女孩應引以為戒，驅除一切惡習的侵襲。當你保有自身的「完好」，也等於使你未來將擁有的「家」，奠定了不被惡習污染的基石和防衛之力。

母親的愛

我的小兒子最近常常對我說：「有媽媽真好。」又說：「我喜歡媽媽，我最愛媽媽。」甚至還寫了封信給我，信上有一段說：「對您，我要說的是：我多麼高興能有這樣的一位母親，不僅只是養我，甚至也不僅是育我。更重要的是，您是一位能夠一齊追求，一齊努力的夥伴和朋友。」

當他星期天和同學一起上教堂回來，他說：「牧師要我們感謝上帝，但我心裡想，我該感謝的是媽媽。媽媽生我、養我，我有病時替我治療；有什麼痛苦時，媽媽替我分擔；有什麼問題不能解決，媽媽幫我解決。媽媽還給了我最好的榜樣，使我不斷努力。」

我三個孩子裡，小兒子給我的痛苦最多。他五歲四個月時生了重病，在台大醫院住院一年八個月。因我們沒錢，醫院給了他史無前例的「長期」的學術免費治療，住院一年八個月，開了八次刀，遺留下一個傷口。我們每天為他換藥，延續了十多年的時間。直到他考進大學那年在家庭碎裂的情形下，我又獨立為他開了一次刀，解決了那每天需換藥的傷口問題。然後他為了要縮短學程，想以同等學力考研究所而辦了休學，卻又因沒把事情問清楚而不能「報考」。於是他離家兩年在外做苦工，卻不讓我們知道他的去向，這兩年中也使我受盡煎熬的痛苦。但他現在終於悔悟了，他又回到學校，他每天上學我送他到門口，有時他會說：「學校這麼近，騎

車過福和橋到學校只要五分鐘,又是這麼可愛人人想上的大學,竟然會有那麼笨的傻瓜辦了休學不上。」

我說:「你知道錯了就好,過去的不要說了。」

他離家的兩年,我妹妹不斷從紐約打來越洋電話要我到紐約,避開這痛苦;我的一些親友也勸我到美國去玩玩,換個環境,心情也好點。但我守在這裡等他回來,我終於等到他了,並且費了九牛二虎之力說服他回到學校。而學校也給了他機會,尤其註冊組的黃老師。如我的小兒子所說:「他的無限寬容、無限忍耐以及那無限的愛心,使執迷不悟的孩子終於找到悔恨的轉捩點。」

愛永遠是下傾的,尤其是母親的愛,寬大的包容,永恆的關注,無微不至的親情體貼。母親的胸懷是兒女的天堂,母愛也永遠像初升的朝陽。西班牙諺語說:「一個母親值一百個傳教士.」

年輕女孩將來都會成為母親,如果你還未對自己的母親學會感激,從現在開始吧!

快樂的生活

　　我常常感到，當我最快樂時，也是最努力工作的時候。

　　如果這一天從早上起來，我就能抓緊我能做的工作，我沒有浪費一分一秒、一時一刻，我創造出使我滿意的成績，我會感到心情愉快、精神輕鬆，陽光在我眼中會變得十分亮麗、綠樹充滿生機、花卉燦爛美麗。即使是陰雨的天氣，我心情上所感到的一室的溫馨，也會使我快樂無比。但如果這一天我什麼都沒做，從早上起來就開始浪費，讓時間白白度過、讓生命虛耗，沒有留下半點痕跡，落日黃昏會帶給我沉重的悔恨，心情落寞、精神緊張，就像失落了什麼。那種抓不住、靠不穩的感覺，會使所有的快樂都消失於無形。

　　我不知道別人是怎樣的，但我想，真正的快樂應該產生於真實的東西。農人種田、工人從事建造和製作東西、教師教書、作家寫稿、科學家從事研究發明、畫家畫畫、音樂家製作樂曲，甚至醫師治病，當有了「成就」，都會感到喜悅。

　　當然人的性格不同、喜好不同。有的人像我一樣以工作的成績為樂；有的人卻以吃喝玩樂、飲酒、打牌為樂。前者是振作奮發的快樂；後者是昏沉墮落的快樂。

　　年輕女孩特別應該洞悉這兩種快樂的不同，「真實」與「謬誤」的基本差別，什麼是真實？如華盛頓所說：「真實就是和諧與平衡、健康與健美、成功與幸福，這些真實都由樂觀希望的向

上心理出發而造成。」而謬誤的東西呢？即使有快樂，也是短暫易碎的。當快樂過去以後，往往使我們身心俱毀，甚至萬劫不復！

　　快樂的生活，不管是個人的或家庭的快樂，都必須有健全的內涵，而建立在有用、有益的工作上面的快樂，也是最具意義的快樂。

習慣的形成

　　每天清晨，我都是四點鐘就醒來，醒來以後，就再也睡不著了。從二十幾歲到四十九歲，過往那長長的年月裡，我利用這段天尚未亮的時間，整理屋內外、洗衣、晾衣、燒煮飯菜，然後在七點半以前，到浴室洗個澡，換了衣服，趕到學校去上班。別的主婦在上午半天內做的事，我得趕在早上七點半以前做好，數十年如一日。到四十九歲那年，我因女兒出國深造「需錢」而提早退休。另找工作不易，雖然有時也出去打打零工，卻不必像以前那樣趕時間，可是我每天早上卻仍然四點鐘醒來。有時我故意晚睡一點，卻仍然不影響「早醒」，習慣形成了，再也改變不過來。

　　所有的習慣都是因為連續不斷的重複行為而在無形中造成的。不管是好習慣或壞習慣，它在默無聲息中積聚起來，重複的次數越多，越長久，越深入人的行為，就像血液深入流通於血管與脈絡。任何人的一生，過得有無價值，所做的工作，精巧還是粗劣，也都由習慣所養成。有人說，人的習慣在最初，只像蜘蛛網，一戳即破，久而久之，它會像鐵鎖鍊和鐵索一樣鎖著和綁著我們。

　　不管是女孩或男孩，都要注意養成自己良好的習慣。卓明尼說：「正當的習慣，大都係以自制和自己的訓練而養成，壞習慣卻如同野草一樣，每在我們疏忽它的時候蓬勃地蔓延著。」而莎士比亞說：「不良的習慣會促使你走向求名、營利和享樂的路上去。」

年輕女孩的「未來」都不免要成為「妻子」和「母親」，主婦也永遠是撐持家庭的支柱。如果主婦具有各方面良好的習慣，也等於具有了美德，這美德一定能影響你的家人。用「自制」，也用「自我訓練」養成你的良好習慣。當你具備許多良好的習慣，你會自然成為一個發光發亮也有熱力的正確「主導」，你自己也會感覺，生活比較容易，抵抗不良誘惑的力量很強，能夠正當而快樂地走那遙遠的生活之路。即使路上有阻礙，也不致造成你停步不前。

別太重視金錢

　　雖然我經過許多艱辛的生活，但我還是不太重視金錢。在我，只要能夠維持住行的需要，生了病有錢治療，就很滿足了。

　　我常對孩子說：我的每一分錢都是用心力換來的。寫篇稿子，得到一份稿費，我會很高興，也會很珍惜這份錢。但如果別人平白送我一筆錢，或者不勞而獲得到一筆錢，我會拒絕收受下來，因為那會使我良心不安，也不會有任何喜悅之情，還不如不要這筆錢而來的心安理得。

　　錢並非永遠是可愛的。錢從正當的途徑而來，它有可愛的一面；從不正當的途徑而來，卻往往是可惡的。任何人，過分的、自私貪婪的，從邪惡途徑謀取金錢、積聚財富，對別人形成掠奪和侵害，即使一時僥倖逃過懲罰，但不會永遠僥倖。

　　我們不否認「錢」的價值，也不否認現實生活中不能缺乏金錢。但有過多的金錢，也未必就是快樂。不但不快樂，反而可能成為累贅或負擔。拿我自己來說，過去我沒有「房子」，吃盡租房子住的苦頭。也由於收入不多，租的房子都是最差勁的。客廳、臥室、飯廳、廚房，統統在一間「泥地」房子裡，而且屋裡沒有水，要到老遠的地方提水。外面下雨，屋裡的地上也冒水。我還租過一間從人家屋簷披搭下來的房子，放進一張雙人竹床，就擱不下一張桌子，我只好定製一張可以放在床上的既矮且小的桌子用來寫稿。

這間房子旁邊是廁所，後面隔著一道泥牆，是人家整日夜染衣的大鍋爐，臭氣和熱氣不斷圍襲而來。我還住過一間位在田野中間的鐵皮屋，夏天被太陽曬得「熱氣」就像「蒸」下來似的。那時我連走路都在看人家的房子，只希望有間屬於自己的小屋子，屋裡有個水龍頭就好了。經過我長年的一點一滴的努力，在嘉義，我造了十間房子，包括一間教兒童寫作班的十五坪大的教室；在永和也買了房子，四樓的屋頂上又按省府所規定的應注意事項添蓋了五樓。目前我常為房子的事南北奔走，每回嘉義一次，就要清掃洗刷個好幾天。沒人住的房子也會壞掉，要處理掉也不容易，除非把自己花了二十多年點點滴滴造起來的房子白送給人家，而永和的房子呢？要賣也不容易。太多的房子沒給我帶來什麼好處，反而帶來煩惱，而「有房子」並不就是「有錢」，房子並不能當「飯」吃，因此這一陣子我常說最糟糕的就是「不動產」，既不能當錢用，又麻煩透頂。幸虧我沒有錢，左手進、右手出，無錢一身輕。

窩爾吞說：「我有一個有錢的鄰人，他常是那麼忙，忙得沒有功夫發笑。他一生的唯一工作是賺錢，賺更多的錢。他不曉得財富的權力並不能夠使人快樂。」亨利福特則說：「如果金錢是求獨立的希望，你將永遠達不到目的。一個人在世上的真正安全，只在儲藏知識、經驗和能力。」

年輕女孩對此應有正確深切的體認，因為過分自私貪婪，不擇手段攫取金錢的男人，有很多是受他妻子的「影響」。

減少慾望

　　辛尼加說：「若要使人幸福，須減其慾望，莫增其所有。」

　　所有的「慾望」，往往都缺乏「純淨」的本質，諸如物慾高漲、肉慾橫流。在物慾方面，有了這個，又要那個。租屋居住的人，想要一幢屬於自己的房子，無疑這是正當的慾望。但有了房子，要更大、更漂亮的。有了需用的一切家具，又要更好、更新穎的。永遠追求物慾的滿足，使豪奢貫串其中、使享受飛揚跋扈，而在這裡面，沒有誠直的心、沒有正常的理性、沒有愛心和同情，更沒有豐碩的智慧指引其間。豪奢的享受像黑魔一樣，瀰漫氾濫，於是只好撇開公道和正直，不走正路搞錢。所有不走正路搞錢的人有形無形中都會損害到公眾和別人，自私覆蓋、貪婪橫行。有人說：「錢從魔鬼處來，會來得特別地快，但也像飲毒酒止渴，有一天終會毒發身亡。」

　　「肉慾」也像「物慾」一樣，有其恣意沈淪的一面。在「肉慾滿足」的尋求裡，沒有愛，也沒有感情，甚至沒有「人性」，而只尋求像動物般的肉體滿足而已，沒有比這種事情更使人墮落的。由這也產生許多「黑暗的」交易場所，在仍以男性為中心的社會裡，女人以出賣肉體為業者，透過多種多樣的色情行業為其依附的地點。說來這真是令人難過、嘆息的！此類「慾望」不但應該降低，按理應完全驅除。我們不否認兩性之間的「需要」，但那應該是感情與

肉體的雙重結合，透過婚姻的形式，造成這一結合，夫妻攜手而行，互相扶持、鼓勵，懂得生活、懂得感情、懂得愛，也懂得人生的正確目標和懷抱崇高的理想，於是兩個人的結合，對國家社會以至世界人類產生三個人以上的貢獻力量。

　　人活著，應該擁有「希望」，希望如日之黎明，會使我們在朝氣蓬勃和活力充沛中不斷努力，透過付出心血的努力使希望達成。但不當的慾望卻只會使人墮落，因此許多人面對的，不僅是降低慾望的問題，而要檢查這一慾望是否正當？如果不正當，就不應再任其存在，而要連根挖起。年輕人尤其應該對這方面特別注意。

趕走懶惰

　　勤勞有其天賦，但也能透過後天訓練而養成。「好逸惡勞」，常常表露在人的行為之中。安逸的生活，比勤勞的生活，表面上是舒服多了，但安逸卻會為我們帶來破敗，包括精神的倦怠，白白浪費時間，生命的罪惡感，以及貧困偷襲而進，造成窘迫和匱乏等等。

　　要有勤勞的習慣，首先要能抓住一分一秒的時間，要把時間當成「生命」一樣地珍惜，永遠都不要使它白白度過！要做對自己有用，對別人也有益的事。不管在小事、大事上抱著這一原則，不斷努力地做、盡心盡力地做。地上髒了要掃才能乾淨；屋裡紊亂要整理才能井然有序；要吃飯，必須燒煮飯菜；衣服要洗換才能保持清潔，這是就個人的日常生活而言。而在學養方面，必須不斷充實才能臻入無限進步之境；品格要糾正錘鍊才能良好；能力、才幹要使用才會成長苗壯。這是個「人為」的世界，人的手和力量駕馭和左右一切，只有透過做，勤勞而持續地做，才能完成你要完成的。光是抱有希望、做好計劃，卻不付諸行動，永遠僅止於「希望」和「計劃」而已！

　　不要以為勤勞會為我們帶來緊張和痛苦。俾斯麥說：「勞心可以使身體得到休息，勞力可以使精神得到休息。」考塞卜則指出：「只有嗅到勞動藥味的滿足中，才能孕育出人生的樂趣。」從

我自身的經驗，我也體昧到：由勤勞而造成的工作之樂，不但會使我忘記憂苦，也會帶來快樂。沒有一樣快樂會比得上它的充實、甜美。可是當工作停歇、時日虛度，沒寫下一個字、沒留下一點「痕跡」，錐心的痛楚和悔恨會圍繞著我，自責和沮喪會形成重重籠罩的陰影，一直到我趕走了懶怠，重新「寫」下成績。

　　要養成勤勞的習慣，首先要趕走懶惰。懶惰抽走我們的時間，使我們生命縮短，懶惰也使我們困難重重而不得解決。德行因懶惰而毀，飢餓和邪惡也往往因懶惰而生。懶惰形成絕望，勤勞卻能造成開拓的出路，那麼我們為什麼不捨懶惰而就勤勞？用工作治療懶惰、用恆心維護勤勞呢？不管你的興趣、喜好、擅長是什麼，你從事的是怎樣性質的工作，只要是正當的，你就要努力不懈地去做，該做的都要勤勞地去做，你將獲得充實美好的快樂之果。

寫作事業

　　我常常慶幸，我有寫作的擅長，並幫助我度過許多艱難的日子。當缺錢用時，我用寫稿換取稿費；當痛苦不堪時，我從寫中找尋遺忘；當情緒低落、意志消沉，我透過寫提升情緒、恢復信心，甚至以此找回勇氣。而更重要的，因為我能寫，在任何困難的時候，我都覺得自己是個可以有所「作為」的人，我不是白白活著。只要我仍能抓牢筆，我正確無誤的思想和理念會帶給人們導引和影響，我會寫下「永恆」。

　　過去，我在婚姻途中經歷過的折磨和痛苦，我曾說，有一百個「我」都會死掉，但我沒有死，是因為我能寫。無盡漫漫的長夜，我用「寫」打發時間。我不斷遭受不忠、虐待和毆打，我從寫中宣洩痛苦，並從高高的一落稿紙中找回「尊嚴」，我突越過重重圍繞的痛苦的層面，而帶給讀者希望、信心和勇氣。從我的文章裡往往找不到哭泣、傷感和那無盡的血淚，屬於我個人家庭的，我不把它帶給別人，我寫的大都是有積極奮發意義的東西。

　　記得我從小學三年級時就開始寫東西，每天寫的日記，登在當地唯一的報紙副刊上，小小年紀就「名」滿我居住的那個縣份。讀初一時參加當地中學組的作文比賽拿到了冠軍，我舅舅說：「奇怪，這麼枯燥的題目，你卻寫得這麼優美、生動，而且這麼長。」抗戰勝利後，我到上海讀高一，看了話劇就寫「劇評」，看了電影，

就寫影評，散文、小說也寫了不少，稿費成了我上學生活的貼補，可惜那些稿子都沒留下來。到臺灣以後，身為學生，也常常寫稿，卻還是不知道把稿子剪貼下來。直到結婚以後，不知過了多少年，才懂得把自己投登的稿子留存。

回顧我的寫作生活，直到現在長達數十年，但卻歷盡艱辛。出了將近二十本書，還有一鐵櫃的剪報積存在那兒沒辦法「出書」。有時翻翻那一本本剪報，自己也不知道裡面寫了些什麼？怎會寫這麼多？

在我來說，寫作等於是溪水長流。我總是默默地寫，不參加任何活動、不打知名度。我寫得很快，過去的過度忙碌，我訓練自己不打草稿，什麼稿子都是直接寫下來。但不管是小說、散文、評論、兒童文學作品、青少年故事，我都會抓牢一個「主題」，而不「濫寫」！由於不打草稿，有時文字上不免有些疏失，當有時因此遭遇退稿，也會引起我中心檢討。

我覺得對女性來說，最好的「副業」工作就是寫東西，當然如果你有足以維持生活的依靠，把它當成「主業」也可以。但最重要的，是你要能摒除「自己」，而進入別人的生活，你要能寫出對人類靈魂真正有助益的東西，如福樓拜所說：「文學像爐中的火一樣，我們從人家借得火來點燃自己，然後再傳給別人，以致為大家所共有。」真正有價值與大家「共有」的作品，也才配稱為「文學作品」。

年輕女孩如對文學有興趣，不妨努力學習寫作，從寫作中不斷培養興趣，並且從寫作中逐漸找到「長青」和「永恆」。

別做未婚媽媽！

　　當你肚中懷了孩子，你的男友卻對你說，他目前的情況還不能結婚，或者他根本就不懷好心，對你始亂終棄，見你懷了孕就逃之夭夭了，這時你該怎麼辦呢？

　　女孩子在貞操上不予重視，隨隨便便，結果會為自己造成卸脫不了的問題。

　　我不是那種有古老思想的人，但我始終認為在未婚以前，堅守貞操的防線，是維護女性基本的尊嚴，以及保護自己。不管是未婚的或離婚的女性，在這仍以男性為中心的社會，男性襲其優越的態勢，仍把女性當成「玩物」，女性就要努力避免讓自己陷入「玩物」的境地。

　　未婚媽媽的處境總是悲慘而又難堪的，面對的問題也很多。當肚子一天天大起來，心理的壓力也就越為增加。這期間不能正常地面對親朋戚友以及同事等等，也無法維持正常的工作，甚至父母、家人也不能給予諒解。懷孕原是喜氣洋洋的事，卻由於你的「未婚」的身分，而成為「災難」。一剎那迷失理智，採摘「禁果」的歡樂，卻要付出如此慘重的代價。

　　你承擔了可怕的痛苦而使孩子生下來，孩子成了你的「私生子」，雖然你自己知道他的父親是誰，孩子卻無法認祖歸宗，「父不詳」的身分，使孩子陷入另一份「苦難」的境地，你和你的

孩子都必須付出長期痛苦的代價。

　　未婚媽媽的悲哀是說不盡的。為了避免這一悲哀，慎重交友、慎選對象，是你必須做到的。而在未婚之前，嚴守「貞操」的防線，是避免讓自己誤陷未婚媽媽逆境的唯一途徑。

禁絕香煙

　　香煙是含有多種毒物的東西。肺癌雖非完全由香煙造成，但根據科學界所做的研究報告顯示，如果一個人每天抽兩包煙，他得肺癌的可能性為不抽煙的人一百七十倍。如果一天抽一包，多六十倍，半包為三十五倍，半包以下為十倍。其中還有二手煙的問題，二手煙對同室而處的人所造成的危害是相同的，而肺癌是最難治的一種癌症，用盡方法治療，肺癌的五年存活率也只有百分之五到十。抽煙的人即使立刻戒煙，肺癌的發生率也不會降低，必須十三年後才會降到和不抽煙的人相同。

　　抽煙既然有這樣可怕的害處，為什麼還要抽煙呢？影星尤勃連納因肺癌而死，死前拋下一句話：「無論如何都別抽煙。」尤勃連納大量地抽煙，形成他那不治的肺癌。他說的話是對自己抽煙的悔恨，也是對世人的「警告」和遺言。人的生命過程常是歷經挫折和艱辛的，克服這些挫折和艱辛，就要花費許多時間和心力。生命的成長不易，父母撫育的恩情，社會大眾在有形無形中給予我們很多助力，我們自己所作的努力，光是站在珍惜生命的立場，也不該明知故犯地讓「抽煙」造成「肺癌」脅迫的陰影。再說，抽煙真有什麼樂趣嗎？吞雲吐霧，一屋子害人害己的煙塵。即使有「樂」，這種「樂」裡卻充滿了毒藥。

　　尤其女性，叼上一支香煙，不管你坐著或站著，那種「姿

態」都惡劣極了。女性抽煙，抽煙本身即破壞了你優美的形象，甚至也顯示出你內在的某種散漫不潔的趨向。勤儉持家，律己甚嚴的女性絕不會抽煙，為了節省一筆不必要的開支，也為了丈夫、兒女樹立榜樣。為了自己的健康，更為了不讓二手煙毒害家人，婦女應絕對禁絕抽煙。尤其年輕女孩，面對「抽煙」的逆流，應提醒自己，千萬別染上這個惡習。

別只專心於自己

　　很多女性都只專心於自己。在外表方面，每天注意的只是如何保養皮膚，如何將臉孔塗抹得紅是紅、白是白，如何選用眼膏的色澤，以及如何穿戴衣飾等等。化妝已成了女性專注的學問，報章雜誌以至於電視，都散播和宣揚著化妝的學問。我們不否認適當的化妝，能使我們心情煥發、精神愉快，並且對自己有較多的好感和信心，但把過多的時間、心力放在化妝方面，卻無異是一種浪費。

　　女性除了專注於外表的美觀之外，也往往專注於狹小的個人利益的撈取。權勢、地位、金錢，是很多女性都嚮往和爭取的，自己爭取不到，只好寄望於丈夫和兒女為她爭取，於是影響所及，造成難以阻遏的濁流，濁流所過之處，鉤心鬥角、爭權奪利、貪贓枉法，為個人利益，荼毒別人、危害公眾。在種種自私貪婪、光怪陸離的景象裡面，有不少女性扮演著「誘體」的角色，而這類女性，熱衷享受是她們共通的特性，抽煙、打牌、跳舞，留連沉溺於各種高級的娛樂場所，表面上顯得尊貴，實際污濁不堪。很多女性的目標都是瑣碎的，這是由於女性天賦的狹隘嗎？還是環境的使然？瑣碎的目標也使女性只專注於自己，最多擴及於骨肉親情，別的都不在她的關顧範疇之內，這裡面充滿了生命狹隘的氣息，以及無知和無奈。

　　英國的拉斯金說：「一個人只專注於本身的時候，他充其

量只能成為一個美麗、小巧的包裹而已。」這是最好的頂端，而在壞的方面卻顯得禍害無窮。年輕女孩千萬注意，別讓自己只成為專注於本身的個體。

什麼是幸福？

　　究竟什麼是幸福？人有各種各樣，對幸福所下的定義也不同，但真理只有一個。

　　在我而言，過去我希望有一個幸福的家庭。丈夫沒有外遇，能和我共同負擔家計，能全心向我，就像我全心向他一樣；能全力認真工作，也像我全力認真工作一樣；能同甘苦、共患難，經濟上能不虞匱乏，體力操勞上能幫我分擔一點；全家平安，沒有病痛。但我所希望的這些永遠不能達成，我永遠被籠罩在丈夫不斷搞外遇的「紅燈」之下，我也必須獨自負擔家計。有困難我獨個兒承擔，有快樂他與別的女人共享。我不但努力於自己的工作，也要幫同負擔他的工作。作為新聞記者，他只管跑寫新聞，所有的新聞特寫都必須我代筆。所有燒飯、洗衣、帶孩子、整理屋內外以及買菜的事物由我負擔。他病了，由我伺候；我病了，卻得撐持著病體繼續工作。

　　當我終於回復到「單身」以後，我只希望自己能夠脫出過去陰影的籠罩，孩子不要生病，自己也不要生病，能夠在平靜、平安中努力，但一個個問題卻仍然出現。

　　最近這幾個月來算是我最「幸福」的時候，因為離家出走的孩子回來了，那份思念的煎熬和痛苦沒有了，我又能夠平靜地寫東西。稿子雖然出路不多，但還是有地方登出來，似乎能夠寫東西

就是我唯一可以掌握住的幸福了。在幸福上面，我從不與別人比較，我不羨慕別人擁有許多的東西，我很滿足於我「已有」的，更因為我還能努力，是的，還能努力就是最重要的「幸福」。所有的快樂都由努力而來，所有的收穫也由努力而來，而我在「寫」上面，有無止限努力的衝勁和活力。

有人認為奢華的享受是幸福，無盡物欲的滿足是幸福，有大量的財富是幸福，能為所欲為地沈迷於「聲色之樂」是幸福，不受限制地「吃喝玩樂」是幸福，但這些真是幸福嗎？答案應該是「否定」的。朱貝爾說：「快樂只是肉體中的一丁點幸福而已，真正的幸福、唯一的幸福、完美的幸福，只有在靈魂全盤性的平穩中才能求得。」

年輕女孩應深思此言。

人的通病

　　人都有「自私」的通病，自私是免不了的，但「自私」也有分別。有的人的「自私」無害於人，有的人的「自私」卻會因此而損害攫奪別人。

　　人都很愛自己，在衣裝上求其美好、在食物上求其營養、在住處上求其舒服、整齊、在行上也求其便利舒適。只要不過分，不因此而為非作歹，不傷害別人，人都有權利為滿足衣食住行的需要而努力。但問題出在：人有過高的物慾、過貪的享受祈求，於是因這方面的自私自利，不知造成多少「罪惡」。

　　這世界上所有的紛爭、不平，不管大的或小的，可以說都是因自私自利而造成的。自私自利是人性中的毒癌，它的觸角所及，不僅是圖利自己，也傷害別人，而這不能以「人之通病」來推卸。

　　人可以保有自私，但必須是適度。過度的追求和保護自己的權益，超出適度的防線而變成過分，也就必然要對別人造成影響和危害。

　　一個明顯的真理是：我們不能因為自己需要食物而奪取別人的食物，凡是奪取別人的，別人應得的，經過多少血汗付出而得來的，像農夫耕田，我們平白占有他所生產的「食糧」，不但有悖良心，也有違公義和人道。

　　人活著都有基本的人權，人權應該受到尊重，但自私自利

的人常會無形中侵損別人的人權和隱私權。自私氾濫，如堤防潰決，這世界就會越變越不太平了。

　　年輕女孩應特別留意「人之通病」的問題，人免不了有自私之心，但「自私」應以不損害他人為原則，應以公義為基點，否則就將成為毒癌啦！你有限的生命也將走到「盡頭」而無可救藥。

幸虧發現得早

「我不再相信任何人的感情了。」

一個年輕女孩對我說。

「陸老師，我們讀商專時是同學。那時他對我好，我也對他好。有什麼假日我們都在一起玩。他知道我喜歡穿吃雞爪、雞翅膀，他母親燒這些時，他們好幾個兄弟姊妹平分了吃，他把自己的一份總是留給我。」

「雖然他的家境不太好，我爸媽為這不怎麼贊成我和他好，但我認為如果我嫁給他，也不是要嫁給他的家境，而是嫁給他這個人。只要他人好，也對我好就行啦！」

「他離開嘉義，到臺中去工作還只有幾個月。我打長途電話給他，他不在，他的同事問我：『妳是他的女朋友林 XX 吧？』」

「才幾個月就交了另外的女朋友，而且他的同事都知道，我可還癡心痴意地等著他呢！」

「我就奇怪，為什麼他剛到臺中時幾乎每天都寫信來，現在我很少接到他的信。他剛到臺中時也會給我長途電話，現在我寫信給他，長途電話由我這兒付費，他卻連一通電話也不打來。」

「什麼海誓山盟、付託終身。都是騙人的。」她毫不保留地在我面前掩面而泣！

我拍著她的肩：「你應該覺得你很幸運，因為幸虧發現得

早。」我說：「假如你和他結婚了，才發現他這麼容易移情別戀，雖然不見得這一輩子就完了，但離婚的滋味也是不好受的。」

「夫婦之間最重要的是忠於對方，彼此需要和體貼。一個不忠的丈夫，比什麼都使妻子痛苦，因此我要說，你實在很幸運。一通長途電話，使你明白了一切，在感情沒有更進一步的確定以前，你可以懸崖勒馬。」

「可是老師，這種痛苦也是不好受的。」

「當然是痛苦的，但比起造成更大的悲劇，總比較容易承受得多了！」

「老師，現在我該怎麼辦呢？」

「聽其自然吧。」我說：「你不必再和他聯絡，不管打電話或用信件，都不要了。如果他主動找你，就把事情完全弄清楚。如果確是那樣，就算啦！」

她接受了我的意見。

一幕可能鑄成的悲劇落幕了。

人活著要做什麼呢？

「人活著要做什麼呢？」

面對那個年輕孩子的問題，我說：「每個人的希望不同、計劃不同、目標不同，要做的事也不同。但在我們所做的事上面，可以分為暫時的和永久的，當成生活工具的以及有恆遠價值的。」

「就像你，你目前在當店員，是為了一份薪水。這份薪水，可以使你生活不虞匱乏，可是老實說，你不應永久做店員，永久只為了這八九千元的薪水。你還這麼年輕，你應該為自己的前途作個長遠的計劃，然後定下個目標。」

「可是我可以怎樣做計劃和定下目標呢？」他又問。

「看看你喜歡什麼，你真正的擅長是什麼？」我說，譬如我，我喜歡文學，我最擅長的是寫東西。當然過去我在教書，我也很喜歡教書。但比較起來，我對教書的興趣沒有寫東西這麼濃厚，如果有這麼濃厚，我大概也不會提早退休啦。我努力的中心焦點就是寫東西，寫得好、寫得多、寫得有進步是我的目標，這也是我活著要做的，為自己的喜好，為一個嚴肅的使命感而寫作。我希望我寫的東西，每一個字跡都能給人好的影響、能啟發人的智慧、能引導人的思想、能幫助人走上正當的生活和工作之路。如果我沒有這個目標，不做這方面的努力，我活下去即使不愁穿吃，甚或有上好的生活享受，也沒有意義啦，那就生不如死，因為人活著就是痛苦

的。既然無所事事，又何必挨受這麼多痛苦呢？」

「老師，你是說，人必須為生活工作而活？」

「工作有附帶的及主要的，譬如我要燒飯洗衣、要整理屋內外，這些都是活著附帶的工作。主要的工作，以前是教書和寫東西，現在不必教書了，只剩下寫東西。」

「那老師把你三個孩子教養得這麼好，也是附帶的工作嗎？」

「那不能算是附帶的工作，而是『盡責任』。」我說：「為這三個孩子，我吃盡苦頭，也可以說流盡血淚，他們幼小時，由於請不起傭人，我把他們鎖在家裡去上班，每次出門都是一個掙扎、一份奮鬥，因為他們一面哭鬧一面拉著我的裙子不讓我出門。我好不容易到了學校，牽腸掛肚的痛苦，卻使我站在講臺上講講書就淚盈滿眶。我一直獨個兒負擔家計，讓孩子吃飽穿暖和受教育都不容易，再加上最小的兒子生重病，從五歲四個月大住進臺大醫院，住了將近兩年。臺大醫院用學術免費為他治療，但最初那段時間，我為籌不出醫藥費而日夜哭泣。我這半生受盡折磨和苦難，如果沒有寫東西這份執著的愛好，早死掉了！對我來說，寫東西可以忘掉痛苦，稿費可以貼補家用，而那個嚴肅的使命感，也是最重要的！它使我感到：我活下去，掙扎著都有代價和意義，活著要做什麼嗎？要做對自己和對別人都有助益的事！要把個人的需要、利益和大眾的需要、利益凝結在一起。」

那孩子點點頭，她得到滿意的答覆啦！

有痛苦怎麼辦？

「老師！有痛苦該怎麼辦？」

那個年輕女孩，我的學生，一臉愁容，問我。

我不曾問她有什麼痛苦？

望著她俊秀憂鬱的臉容，我說：「你看見陽光吧？這麼亮麗，你又這麼年輕，究竟有什麼痛苦呢？老師告訴你我的經驗好吧？拿我這半生來說，可以說一直生活在痛苦中，但在痛苦中也有快樂。所有的痛苦都是別人帶給我的，而快樂不是來自別人、不是來自物質、不是來自任何享受的東西，而是完全靠我自己去找尋，也完全是來自心理上的。」

我停了停又說：「這半輩子，我享受過的只有母親的愛，但母親的愛也不是完整的，因為從十六歲那時我就離開母親。甚至在很幼小的時候，我就與母親一起承受痛苦。她所挨受的不忠、虐待和毆打，就像我曾經挨受過的一樣，因此我常說，我們母女在婚姻上的悲劇性遭遇是有連續性的。所不同的，是我母親不必像我一樣裡外兼顧，也不必獨個兒負擔家庭生計。雖然到後來，家裡只留著母親，既要撫養並非她親生的幼兒，又要侍奉公婆。她既要耕田種地，又要燒飯、洗衣，倍盡艱辛。但比起我來，她還是有塊土地可以依靠，不必像我這樣完全赤手空拳！我經歷過很多，挨受惡待，而又貧困交迫的日子。那有長長的二十多年，甚至直到現在我仍在

貧病中掙扎，只是我已經掙脫了惡待。雖然孤單，卻不必挨受毒罵和毆打。在經過長長的『逃避』的年月之後，現在我在心理上又重新站立了起來。那所有的新愁舊恨消失了、痛苦也變淡了，有時甚至沒有痛苦，我的訣竅是什麼呢？我從讀書寫作中找尋逃避和遺忘，我也用這些填補情感上的空白。而在很多時候我還感到快樂，當完成一篇東西，登出一篇東西的時候，我所感到的快樂都十分豐滿。在以前那樣忙勞、痛苦的日子，也有很多這樣的快樂，因此我的結論是：透過你的擅長和喜愛的工作找求快樂並藉此而排除痛苦。」

「孩子，我知道你和我一樣喜歡文學，為什麼不提筆寫些東西呢？你有現成的老師在這兒，我可以教你，也可以幫你修改。我女兒過去的同事陳秀敏，有喪夫之痛。當她痛苦得一蹶不振的時候來找我，我鼓勵她寫東西。當她投出一篇篇稿件，也登出一篇篇稿件，她的痛苦消滅了。現在不但恢復了平靜，也活得豪情萬丈。你的痛苦總不會比我、比她更嚴重吧？」

「沒有這麼嚴重。謝謝您這些指點，我會照著去做。」

微笑浮上她的臉龐，望著她，我也微笑了。

買菜

　　每次上菜場，我東看西看、東挑西選，不知道該買什麼好。要顧慮的很多。第一是錢的問題，在收入極其有限的情形下，不是想吃什麼就能買什麼。第二是菜蔬的品質問題，諸如魚丸、蝦子，可能摻入硼砂，皮蛋裡面可能含鉛過高，由美國進口「黃豆」製作的「豆腐」，可能含有過量的有劇毒致癌性的二溴乙烯。東考慮、西考慮，能買的也就極其稀少了。

　　住在嘉義，我買菜，大都在清晨時分，到附近的東市場，在靠近南門圓環的菜市場進出口。天濛濛亮，就有從鄉下挑來的新鮮蔬菜和水果，真正價廉物美。提早退休後來到永和，最初，我是到市公所對面的竹林路菜場買菜，總要到九點半以後才有各種菜類「上市」，因此我老是說，永和跟台北一樣是個懶惰的地方，而且水果和菜，以至於肉類，跟嘉義比起來，都貴得太多了。後來鄰居告訴我，我的住處附近，河堤公園，有個早菜市場，只是營業時間最多到上午十點就結束了。當發現了這個早菜市場，我買菜的時間也提早了，早菜市場的菜和水果，都較竹林路菜場便宜。有個我熟悉的賣水果的攤販，同樣的水果，在河堤公園早菜市場賣價便宜，到竹林路菜場就賣得很貴。我問他什麼原因？他說：「地方不同嘛！」

　　從二十多歲時開始，由於自身的經歷，我就感覺到買菜是

主婦吃重的工作之一，尤其那時沒有現在這種有輪子可以拉著走的菜籃。如果菜買得多，就得數步一停、休息一會，再提起來走。沉重的菜籃提在手裡，手臂都弄得痠痛了，提提走走、走走提提，不勝其苦。而在菜場裡，往往地上滿是泥濘，人又多又擠，得有衝鋒陷陣的本領。菜場裡的菜和水果，售價不一，有的賣得很貴、有的賣得便宜，還要多走幾家加以比較。

可以說，我受盡了買菜的苦，既沒有充裕的錢，在過去那長長的歲月裡，由於裡外兼顧，也沒有多少時間可供買菜，買回去可還要洗、切、燒。

別看買菜是小事，它是一種學問，得衡量自家的收入、得顧到全家的營養，也得具備多種營養的常識，並兼顧菜類的「附加物」及品質問題。年輕女孩對「買菜」這一生活中的項目，應多加學習。

別和有婦之夫談愛

　　現在不少年輕女孩，以及離過婚或喪偶的婦人，都喜歡和有婦之夫談愛，因為有婦之夫大都有經濟基礎，有婦之夫在各方面也比較有辦法，已有的地位和事業，也成了別的女人垂涎的對象，於是有婦之夫的家庭，因為第三者的插身而進被破壞了。那含辛茹苦的妻子成了被拋棄的糟糠，兒女即使在形式上不被遺棄，在心理上也受到傷害和不幸的衝擊。許多家庭悲劇，就是因為這些橫刀奪愛奪人之夫的女人而造成的。

　　世界上的男人多得很，為什麼一定要找有婦之夫談愛呢？尤其是似錦年華的女孩，你正處於蓓蕾開放的時期，你可以找到年齡相當，學養比你好或不相上下，即使沒有經濟基礎，但具有才幹和能力的比有婦之夫更好的對象。何必破壞別人的家庭，又為自己找麻煩呢？即使離婚或喪偶的婦人，你有意於創造第二春，單身的男人多得很，也不必破壞別人的家庭啊！

　　我想不通為什麼竟然有這類女人？甚至有夫之婦也找上別人的丈夫。有個姓吳的女人，和別人的丈夫暗渡陳倉十多年，把自己丈夫和兩個女兒蒙在鼓裡。她自己仍然擁有一個幸福的家庭，卻把別人的家庭給破壞了。那個男人甚至為怕她懷孕而做了「結紮」，而他自己的妻子對此竟然毫不知情。當妻子與他離開，他有了別的女人，卻因不能生育而使那新娶的妻子苦惱萬分，不得不藉現在的

醫學技術予以補救，但生出來的孩子卻沒有自己丈夫的血統，而且還可能衍生很多別的問題。

　　年輕女孩應知所警惕，如果你正與有婦之夫談愛，應懸崖勒馬，即刻停止。如果還沒有，就千萬別讓自己掉進奪人之夫的污坑和陷阱。

正邪之路

有個年輕孩子問了我許多問題。

「生活是什麼？」

我說：「各人的生活不同，譬如你的生活和我的生活就是截然的兩回事。我在衣食住行上從不求好的享受，只求得到起碼的滿足就行了，因此我不需要太多的錢，也比較不重視金錢。但在精神和性靈生活上我很重視，我要求自己懂得多、做得好，這樣就必須要不斷充實自己，並且不斷努力。過去我一面教書，一面寫東西以及煮飯、洗衣、帶孩子，處理瑣瑣碎碎的家事等等，我想教好我的學生，也想把稿子寫得既有意義，又有分量，把所有的家事都處理得井井有條，這就是我過去二十多年來的生活。」

「如果一個人做了壞事，是不是應該得到原諒？」他說：「我舉個例子吧，譬如一個人出了獄，人人用異樣的眼光看他，並且排斥他，不給他一條生路。」

「在任何情形下都不要走邪路。」我說：「走邪路對別人有害，同時也是自我墮落和自我毀滅。人活在這世界上，所面對的最明顯的就是正邪兩條路，走正路總是很艱辛，走邪路很容易，得利也多。譬如說做官的，清官只拿一份薪水，貪官卻到處撈錢；清官生活清苦，貪官生活富貴，可是清官卻不會出事。貪官呢？就像人家所說的，飲毒酒止渴，有一天總會毒發身亡。」

那孩子聽了我說的話，高興地道：「陸老師，我找到答案啦！」

假如你不幸

　　假如你不幸，不管你所遭遇的不幸是怎樣的，都不要屈服於那不幸陰影的籠罩之下，因為陽光仍然亮耀，這世界仍然美麗。而你不管在怎樣的情況下，仍然擁有可以奮鬥的權利，你有可以「站立」的一席之地，這已經夠了。

　　告訴你一件使人十分驚異的事吧！我在嘉義的住處後院全部鋪了水泥，只有幾棵樹木的根部各自留下一小塊土地。其中有棵大芒果樹，因為鄰人採摘我家的芒果，也總是踩上我家的屋頂，屋頂修好又踩壞了，我不勝其煩，只好請人把它鋸掉。原來後院有一半被罩在大芒果樹的綠蔭樹之下，夏天時分，我的住處雖然位於市中心區，也總有「蟬鳴」。把大芒果樹鋸掉以後，我對後院的情況頗不習慣。但曾幾何時，大芒果樹的根部竟然自己長出了三棵樹木，方圓不到一尺的土地，竟然出現那樣無限的生機。現在那三棵樹又長得綠樹成蔭，蟬鳴又再度出現。看著那叢綠滿布的自己生長的樹木，我對土地所呈現的無限生機感到驚異，對那原本任其自生自滅，但卻長出滿樹綠蔭的樹木，甚至起了衷心的敬仰。在它們成長的過程中，我不曾澆過一次水、不曾施過一點肥料，嘉義曾有過乾旱的時季，自來水廠對居民的飲用水曾輪區供應，而那長長的時季，我不在嘉義。這次回去，我卻看到，我家後院所有的樹木，包括那三棵樹在內，仍然滿樹綠葉，擁有旺盛的活力，生命的乳汁散布在蓬

勃的綠叢中間，源源不絕。

　　人應該比樹木更為堅強，更具有奮鬥的勇氣，不管是什麼不幸，都不要被它打倒。樹木藉靠土地、陽光和雨露成長茁壯，人藉靠自身的努力，劃定一個對人對己都有助益的努力的目標，不管你遭遇什麼不幸，都要朝這個目標向前走……你至少應該比土地更有生機、比樹木更有活力、比那滿樹的綠葉更充滿持恆而不墜落的生命的乳汁。

要正常待人

　　有那麼一個年輕人，最初和他相處，覺得他親切有禮，而且性格中有某種俠義，使我十分欣賞。但時日過去，相處的時間越長，發現他態度頗不正常。無緣無故，他會向你大吼大叫，吼得你莫知所以。人家內心對他懷著關切的友誼，他卻把你當個仇人，逢事斤斤計較。

　　過去我常說，要看一個人有沒有修養，就要看他待人的態度正不正常。二十多年前，當我剛搬到嘉義居住，我有個鄰居林太太，一直到現在和我維持著良好的友誼。我們無所不談，彼此關切，我推崇林太太是她待人的態度自始至終都是一致的，不會一會冷、一會兒熱。她和藹可親、彬彬有禮，始終對我充滿關懷備至的友誼。

　　在長長的年月裡，我搬過不少次家，也遇到不少鄰居。目前有個開書店的官太太，她是我嘉義住處的鄰居。她年齡很輕，但她性情溫和。平常我都喊她小妹，她則喊我陸老師，我們處得像一家人。我回嘉義總是到她書店拿書看，看完了再換別的，有什麼可看的或是有什麼新書來，她也總不吝惜地遞上我手裡。對我她臉上總是帶著那樣親切可愛的笑，說話客客氣氣，自始自終都是這樣。除了這兩個鄰居外，我還沒碰到比他們更好的鄰居，而這兩個鄰居在我心裡占的分量，一個好像是我的姐姐，小妹和她先生則好像是我的弟弟妹妹。小妹的先生和小妹性格相似，溫和又親切，我曾對

小妹說：「你如果沒嫁給小弟，可能會嫁錯人。」

　　能正常地對人，也顯出一個人「人品」上的修養。沒有修養的人才會反覆無常，一會兒親切有禮，一會兒大吼大叫，冷熱不定，使人無所適從。年輕女孩千萬注意，別讓自己成為這樣不正常的人。

別停止向前

我的小兒子常對我說：「媽媽，我最欽佩你的，是你直到現在還是很努力，你從來不像別的媽媽那樣。」

「別人的媽媽怎樣啦？」

「我看她們呀，最好的只是把飯燒好、把衣服洗好、把家務處理好，最壞的就是整日夜打牌。」

「把煮飯、洗衣做好，把家務處理好，就已經不容易啦！」我說：「那很辛苦，至於打牌，打牌當然不好。」

「我要像媽媽一樣努力，也要像媽媽一樣沒有一點不良習慣。」小兒子說。

我的三個孩子都很愛讀書，讀書的成績也都很好。最不用我操心，也最使我引為驕傲的是女兒。她在學校，從小到大都是「名列前茅」，到國外深造，在哥大的成績，也是頂尖兒的，樣樣功課都是 A 和 A+。她已拿到兩個碩士學位，博士資格考試已經通過，只剩下寫論文了。兩個兒子，一研「歷史」、一學「哲學」，在學養上都有很不錯的表現，而更重要的是他們都是極有見識、極具深度，並且永遠都不停努力的孩子。

是的，不停止努力，這就是最重要的。人活著一天，就有一天要盡的責任，要提升學養，要磨練品格，要糾正錯誤、彌補缺點，要學習與人相處，要使自己的存在對群體產生裨益，要放眼天

下，而不是把自己限制在一個狹窄的，甚至只有「自我」和「家族」的境域。人必須活得無私、寬闊而昂揚，人不應完全建造自我的利益。自我之外，也要包容別人，把自我和廣大公眾的利益凝結一起，才能為生命創下「永恆」。

別以為自己是女孩，生命的境域就該狹隘，追求和建造的目標就該縮小，女孩甚至比男孩負有更繁重的任務、更多樣的責任。女孩的腳步永遠向前，將成為男孩向前的導引，因為你的愛可能融化男孩、帶領男孩。

祝福你永遠努力，永不停止向一個更美、更善、更高的目標前進，那麼你將和我一樣，不斷在逆境中獲取勝利！並打敗逆境，摘取到從血汗中成長的豐盈甜美果實。

工作的逆與順

　　人所從事的工作，有各種不同的性質和內涵，但不管你所從事的是什麼工作，都不可能是完全順利的。

　　拿寫作來說，寫作是「自由職業」，你願意寫就寫，不願寫就停筆，應該算是最自由的啦！但是不純然是這樣的，寫作者都希望自己所寫的東西能夠登出來。如果登不出來，寫作的目的也就達不到了。當然寫作不是為了名利，真正的文學工作者，嘔心瀝血所寫的東西，對人生社會一定具有某種積極良好的影響。它能幫助建造人的靈魂、能指導人生和生活、能對人的思想觀念發生正確的引導作用，進而幫助人們建立正確的人生觀和世界觀，而這一切不是把作品寫出來就可以，還必須登出來，甚至必須印成書才能達成目的。

　　拿我來說，我從小學三年級就開始寫東西，但直到現在，我在寫作上走的路子仍然荊棘滿布。也就是說，我仍然不斷遭遇退稿，雖然最後總是登出來了。迄今，我所寫的稿子沒有一個不是登過的，陸陸續續地出了二十本書，以及那一鐵櫃還沒分門別類整理出來的剪報。稿件的「出產量」和「登出量」都很驚人，但那只是表面的「輝煌」，其中被退稿的辛酸，以及所遭遇的挫折和打擊很難形容。有時「退稿」引起我自我檢討，「再讀」自己的「大作」，我會一把將那稿件撕了、丟了！如果退得「不公平」，我會為它另

尋出路。聽說有個作家在抗戰時寫了篇〈差半車麥秸〉，被退稿二十七次，最後登出來，卻被公認為寫抗戰最成功的一篇小說。因此對寫作者來說，自己的信心也很重要，而信心也是「對付」任何工作上的逆境必須具備的。

面對任何工作，不走鑽營的門路、不背棄應守的忠誠原則、不放棄自我的努力、不虛妄地亂打知名度，腳踏實地，自甘寂寞地努力。雖然荊棘滿佈，但被掩埋的「黃金」，總一定會有「出土」的一天。十九世紀荷蘭最偉大的畫家梵谷，他一生畫了一千六百多幅畫，但他生前只賣掉過一幅畫，還是他弟弟西奧化名去買的。他活著時也全靠弟弟接濟才獲得溫飽，但現今他的片紙零縑都被人視為「珍寶」，一幅畫賣到數百萬美金。

所有工作上的順利都應該由工作的「實績」而得到。如果由「鑽門路」而來，那就不值得珍惜。所有工作上的「逆境」，如果由自甘「淡泊」「寂寞」而造成，但真誠的血汗、努力卻貫穿其間，你就應該相信，你所付出的血汗和努力絕不會白費。不管多麼困難，你都應該像「梵谷」一樣。

要有信用

　　我遇到那麼一個年輕人，說話總是不守信用，該做的事不做，該付的錢不付，延長和拖拉是他的特性，使人對他的印象惡劣透了，最後變成沒一個人會相信他所說的話。

　　我的表哥，他是我姑媽的唯一兒子。因為我祖母太疼愛他，小時我們在一起經常吵架，我對他的印象並不好，但目前，許多事改變了我對他的印象，其中最重要的，就是他說一不二的習性。我要他做的事，只要他答應了，總在他說定的時間完成。他事業上很成功，他曾經對我說：「我最大成功的地方是守信用，說是幾點鐘和人見面，絕不耽誤一分鐘；說是幾點鐘做的事，也絕不延後。生意上有往來，說是什麼時候付的錢，就什麼時候付。」

　　他廣泛建立的信用，使他在什麼人面前都得到好感，並且百分之百相信他，這也是他在事業上一帆風順，而且無形中得到很多助力。

　　對任何人來說，守信用都是最重要的，信用也是人格的標記，守信用，就像在人格上樹立了「金字招牌」一樣，有足以使人信靠的權威性和吸引力；反之，什麼都使人不能相信，無形中折損了自己的人品，也在自己的生活路途和視野上造成障礙。

　　人的天賦不同，有的人天生就守信用；有的人就必須後天學習。不管是男孩、女孩，要走上成功的起點，最首要的要在信用

上建立基礎。

　　人與人之間的交往，以及對事情的處理，要在時間上執守「約定」等等，都是考驗信用的觸角，要「有恆」地保持這一觸角的敏銳與凝聚，要沒有一句「空言」，要誠實地執行事情，要遵守時間。尤其是年輕女孩，妳將來會成為家庭的支柱，妳的言行必將影響妳的丈夫和兒女，因此妳人格上的信用本質，必須確切有力地建造起來。

第一百篇之外

　　這是第一百篇之外的〈給年輕女孩〉，也是最後一篇。從第一篇給年輕女孩的〈似錦年華〉開始，直到這最後一篇的刊出，歷經兩年多的時間。

　　那天上午，我到臺大醫院看病，下午時分文苑有個集會。素來不參加外界活動的我，由於心情沉鬱，決定參加這個集會，但不能上午就去。如果回到永和，下午再去文苑的話，還是得到台大醫院附近轉車，於是雖然看過醫師了，藥也拿了，我仍然待在醫院裡。外出時總習慣於在皮包裡放著稿紙、鋼筆的我，利用地下室福利社所附設的座位寫東西。

　　那上午剩餘的時間連續到下午，寫作速度極快的我，寫了篇四千多字的小說。小說結束了，不能呆坐在那裡，於是突然靈感來了，我是不是可以給年輕女孩寫個什麼「專欄」呢？

　　我的筆尖寫下總題〈給年輕女孩〉，文章的題目是〈似錦年華〉。筆尖溜下去了，一篇八、九百字的東西完成了。過去裡外兼顧，太過忙碌，多少年的訓練，使我寫東西可以不打草稿。不管是寫小說、散文、方塊性文字，或是兒童文學作品等，都是直接寫下來。我的經驗是寫得越快，文章的流利性越高，內容越有深度；疙疙瘩瘩地寫不下去，就表示主題不夠明確、素材不夠豐富，或是思慮不夠成熟等等，我會暫時停筆不寫。

帶著一篇已完成的小說和〈似錦年華〉，我到了文苑，那時我已決定將小說寄到《民族晚報》。過去有許多主編大量登我的文章，但目前似乎只有《民族晚報》的楊總編輯肯大量採用我的稿件，我所寫的東西也大都寄給他，從他，我獲得極為溫暖的支持和鼓勵。那時我還不知道該把〈似錦年華〉寄到哪兒，有什麼地方可以採用這個專欄？

　　但在「文苑」，我碰到曾焰，我和曾焰是第一次見面。她告訴我，她是《青年日報》副刊的助編。《青年日報》副刊的胡主編過去曾採用我的許多「智慧語錄」性的方塊文字，我也曾為該報的好家庭版創寫過〈和鳴集〉。我也知道那時的好家庭的主編是郁先先生，只是後來我很少為他寫稿。

　　我想到或許可以把〈似錦年華〉請曾焰轉給郁先。如果他採用，我就繼續寫，不採用就不寫；或者另找園地。曾焰帶著我那篇稿子離開文苑。

　　〈似錦年華〉的刊出，為〈給年輕女孩〉的專欄啟開了「序幕」。兩年多來，我陸陸續續地寫，也陸陸續續地登，我十分感謝郁先給了我這樣可貴的「為年輕女孩」服務的機會。當郁先離去，我原以為這個「專欄」也會就此結束了，但接手主編〈好家庭〉的楊小姐，繼續讓它「存在」。當我回到嘉義，稿件已登完時，楊小姐打電話到我家，我的小兒子則從永和打長途電話到嘉義，要我將續搞寄給楊小姐。而在這兩年多中，芯心姐曾為我留存刊出的稿件，前後兩位主編的盛誼以及芯心姐的濃濃友情，都使我永難或忘。

　　在〈給年輕女孩〉的專欄裡，我談論的各種問題觸及的層面很廣，但只有一個目的，希望這一年齡層次的女孩能長成智慧充盈、學養品格均佳且具深度的人。年輕女孩都是未來的妻子和母親，也等於是家庭的「主樑」，家庭主樑性「良材」的撐持，會為社會

帶來福祉，而這也是我寫作此一專欄的目的。